2022年版全国二级建造师执业资格考试历年真题+冲刺试卷

公路工程管理与实务
历年真题+冲刺试卷

全国二级建造师执业资格考试历年真题+冲刺试卷编写委员会　编写

中国建筑工业出版社
中国城市出版社

图书在版编目（CIP）数据

公路工程管理与实务历年真题+冲刺试卷 / 全国二级建造师执业资格考试历年真题+冲刺试卷编写委员会编写. — 北京：中国城市出版社，2021. 10

2022 年版全国二级建造师执业资格考试历年真题+冲刺试卷

ISBN 978-7-5074-3391-3

Ⅰ. ①公… Ⅱ. ①全… Ⅲ. ①道路工程-施工管理-资格考试-习题集 Ⅳ. ①U415. 1-44

中国版本图书馆 CIP 数据核字（2021）第 182885 号

责任编辑：田立平 牛 松 张国友
责任校对：党 蕾

2022 年版全国二级建造师执业资格考试历年真题+冲刺试卷

公路工程管理与实务历年真题+冲刺试卷

全国二级建造师执业资格考试历年真题+冲刺试卷编写委员会 编写

*

中国建筑工业出版社、中国城市出版社出版、发行（北京海淀三里河路 9 号）

各地新华书店、建筑书店经销

北京鸿文瀚海文化传媒有限公司制版

廊坊市海涛印刷有限公司印刷

*

开本：787 毫米×1092 毫米 1/16 印张：10¼ 字数：223 千字

2021 年 11 月第一版 2021 年 11 月第一次印刷

定价：**26. 00** 元

ISBN 978-7-5074-3391-3

（904391）

前　言

众多考生的实践证明，“只看书，不做题”与“只做题，不看书”一样，是考生考试失败的重要原因之一。因此，考生在备考时应注意看书与做题相辅相成，一般应包括教材学习、章节题目练习和考前冲刺三个阶段，其中前两个阶段作为复习的基础阶段，可同步进行。第三个阶段是考生正式参加考试前的冲刺阶段，在此阶段，考生应在规定的时间做一些完整的真题和冲刺试卷，提前适应考试的题型和题量，全面检验自己的学习成果，找出学习的盲点和薄弱内容并在最后阶段进行针对性地弥补，因此，对此阶段应该给予足够的重视。本套丛书即是为满足广大二级建造师考生在考前冲刺阶段复习的需要而编写的。丛书共分7册，分别为：

《建设工程施工管理历年真题+冲刺试卷》

《建设工程法规及相关知识历年真题+冲刺试卷》

《建筑工程管理与实务历年真题+冲刺试卷》

《公路工程管理与实务历年真题+冲刺试卷》

《水利水电工程管理与实务历年真题+冲刺试卷》

《机电工程管理与实务历年真题+冲刺试卷》

《市政公用工程管理与实务历年真题+冲刺试卷》

每册图书均包括本科目2017—2021年五年真题和三套冲刺试卷。真题中的重点题目书中均给出了详细深入的解析，真题可以帮助考生快速适应考试难度，深入领会命题思路和规律。冲刺试卷紧跟近年的命题趋势，涵盖了各科目的考试重点和难点，能帮助考生迅速掌握重要知识，提高实战能力。

为了配合考生的备考复习，我们开通了答疑QQ群：700167122、532603357（加群密码：助考服务），配备了专家答疑团队，以便及时解答考生所提的问题。

希望考生在最后的复习阶段充分利用本书，顺利通过考试！

目　录

全国二级建造师执业资格考试答题方法及评分说明

全国二级建造师执业资格考试设《建设工程施工管理》《建设工程法规及相关知识》两个公共必考科目和《专业工程管理与实务》六个专业选考科目（专业科目包括建筑工程、公路工程、水利水电工程、市政公用工程、矿业工程和机电工程）。

《建设工程施工管理》《建设工程法规及相关知识》两个科目的考试试题为客观题。《专业工程管理与实务》科目的考试试题包括客观题和主观题。

一、客观题答题方法及评分说明

1. 客观题答题方法

客观题题型包括单项选择题和多项选择题。对于单项选择题来说，备选项有 4 个，选对得分，选错不得分也不扣分，建议考生宁可错选，不可不选。对于多项选择题来说，备选项有 5 个，在没有把握的情况下，建议考生宁可少选，不可多选。

在答题时，可采取下列方法：

（1）直接法。这是解常规的客观题所采用的方法，就是考生选择认为一定正确的选项。

（2）排除法。如果正确选项不能直接选出，应首先排除明显不全面、不完整或不正确的选项，正确的选项几乎是直接来自于考试教材或者法律法规，其余的干扰选项要靠命题者自己去设计，考生要尽可能多排除一些干扰选项，这样就可以提高选择出正确答案的概率。

（3）比较法。直接把各备选项加以比较，并分析它们之间的不同点，集中考虑正确答案和错误答案关键所在。仔细考虑各个备选项之间的关系。不要盲目选择那些看起来、读起来很有吸引力的错误选项，要去误求正、去伪存真。

（4）推测法。利用上下文推测词义。有些试题要从句子中的结构及语法知识推测入手，配合考生自己平时积累的常识来判断其义，推测出逻辑的条件和结论，以期将正确的选项准确地选出。

2. 客观题评分说明

客观题部分采用机读评卷，必须使用 2B 铅笔在答题卡上作答，考生在答题时要严格按照要求，在有效区域内作答，超出区域作答无效。每个单项选择题只有 1 个备选项最符合题意，就是 4 选 1。每个多项选择题有 2 个或 2 个以上备选项符合题意，至少有 1 个错项，就是 5 选 2~4，并且错选本题不得分，少选，所选的每个选项得 0.5 分。考生在涂卡时应注意答题卡上的选项是横排还是竖排，不要涂错位置。涂卡应清晰、厚实、完整，保持答题卡干净整洁，涂卡时应完整覆盖且不超出涂卡区域。修改答案时要先用橡皮擦将原涂卡处擦干净，再涂新答案，避免在机读评卷时产生干扰。

二、主观题答题方法及评分说明

1. 主观题答题方法

主观题题型是实务操作和案例分析题。实务操作和案例分析题是通过背景资料阐述一个项目在实施过程中所开展的相应工作，根据这些具体的工作提出若干小问题。

实务操作和案例分析题的提问方式及作答方法如下：

（1）补充内容型。一般应按照教材将背景资料中未给出的内容都回答出来。

（2）判断改错型。首先应在背景资料中找出问题并判断是否正确，然后结合教材、相关规范进行改正。需要注意的是，考生在答题时，不能完全按照工作中的实际做法来回答问题，因为根据实际做法作为答题依据得出的答案和标准答案之间可能存在很大差距，即使答了很多，得分也很低。

（3）判断分析型。这类题型不仅要求考生答出分析的结果，还需要通过分析背景资料来找出问题的突破口。需要注意的是，考生在答题时要针对问题作答。

（4）图表表达型。结合工程图及相关资料表回答图中构造名称、资料表中缺项内容。需要注意的是，关键词表述要准确，避免画蛇添足。

（5）分析计算型。充分利用相关公式、图表和考点的内容，计算题目要求的数据或结果。最好能写出关键的计算步骤，并注意计算结果是否有保留小数点的要求。

（6）简单论答型。这类题型主要考查考生记忆能力，一般情节简单、内容覆盖面较小。考生在回答这类型题时要直截了当，有什么答什么，不必展开论述。

（7）综合分析型。这类题型比较复杂，内容往往涉及不同的知识点，要求回答的问题较多，难度很大，也是考生容易失分的地方。要求考生具有一定的理论水平和实际经验，对教材知识点要熟练掌握。

2. 主观题评分说明

主观题部分评分采取网上评分的方法进行，为了防止出现评卷人的评分宽严度差异对不同考生产生的影响，每个评卷人员只评一道题的分数。每份试卷的每道题均由两位评卷人员分别独立评分，如果两人的评分结果相同或很相近（这种情况比例很大）就按两人的平均分为准。如果两人的评分差异较大超过4~5分（出现这种情况的概率很小），就由评分专家再独立评分一次，然后用专家所评的分数和与专家评分接近的那个分数的平均分数为准。

主观题部分评分标准一般以准确性、完整性、分析步骤、计算过程、关键问题的判别方法、概念原理的运用等为判别核心。标准一般按要点给分，只要答出要点基本含义一般就会给分，不恰当的错误语句和文字一般不扣分。

主观题部分作答时必须使用黑色墨水笔书写作答，不得使用其他颜色的钢笔、铅笔、签字笔和圆珠笔。作答时字迹要工整、版面要清晰。因此书写不能离密封线太近，密封后评卷人不容易看到；书写的字不能太粗、太密、太乱，最好买支极细笔，字体稍微书写大点、工整点，这样看起来工整、清晰，评卷人也愿意多给分。

主观题部分作答应避免答非所问，因此考生在考试时要答对得分点，答出一个得分点就给分，说的不完全一致，也会给分，多答不会给分的，只会按点给分。不明确用到什么规范的情况就用“强制性条文”或者“有关法规”代替，在回答问题时，只要有可能，就在答题的内容前加上这样一句话：根据有关法规或根据强制性条文，通常这些是得分点之一。

主观题部分作答应言简意赅，并多使用背景资料中给出的专业术语。考生在考试时应相信第一感觉，往往很多考生在涂改答案过程中，“把原来对的改成错的”这种情形有很多。在确定完全答对时，就不要展开论述，也不要写多余的话，能用尽量少的文字表达出正确的意思就好，这样评卷人看得舒服，考生自己也能省时间。如果答题时发现错误，不建议使用涂改液进行修改，应用笔画个框圈起来，打个“×”即可，然后再找一块干净的地方重新书写。

2017—2021 年《公路工程管理与实务》真题分值统计

命题点			题型	2017 年	2018 年	2019 年	2020 年	2021 年
2B310000 公路工程施工技术	2B311000 路基工程	2B311010 路基施工技术	单项选择题	2	2	2	1	3
			多项选择题	2		2	2	2
			实务操作和案例分析题	12	20	6	18	
		2B311020 路基防护与支挡	单项选择题	1		1		
			多项选择题	2	2		2	
			实务操作和案例分析题					8
		2B311030 路基试验检测技术	单项选择题					
			多项选择题					
			实务操作和案例分析题					
		2B311040 公路工程施工测量技术	单项选择题		1		1	
			多项选择题					
			实务操作和案例分析题					8
		2B311050 路基工程质量通病及防治措施	单项选择题				1	
			多项选择题					
			实务操作和案例分析题	4		2		4
	2B312000 路面工程	2B312010 路面基层（底基层）施工技术	单项选择题	2	2	1		1
			多项选择题	2			2	2
			实务操作和案例分析题	8	4		10	12
		2B312020 沥青路面施工技术	单项选择题				1	1
			多项选择题	2		2		
			实务操作和案例分析题		10	12	4	
		2B312030 水泥混凝土路面施工技术	单项选择题				1	
			多项选择题					
			实务操作和案例分析题					
		2B312040 路面防、排水施工技术	单项选择题	1				
			多项选择题					
			实务操作和案例分析题					
		2B312050 路面试验检测技术	单项选择题		1	1	1	1
			多项选择题					
			实务操作和案例分析题					4
		2B312060 路面工程质量通病及防治措施	单项选择题					
			多项选择题		2			
			实务操作和案例分析题					4

续表

命题点			题型	2017 年	2018 年	2019 年	2020 年	2021 年
2B310000 公路工程施工技术	2B313000 桥涵工程	2B313010 桥梁工程	单项选择题	2	1	3	3	3
			多项选择题	4	2	2	2	2
			实务操作和案例分析题	12	11	12	12	
		2B313020 涵洞工程	单项选择题		1			
			多项选择题					
			实务操作和案例分析题	4				16
		2B313030 桥涵工程质量通病及防治措施	单项选择题	1				
			多项选择题					
			实务操作和案例分析题					
	2B314000 隧道工程	2B314010 隧道围岩分级与隧道构造	单项选择题	1	1	1		
			多项选择题	2				2
			实务操作和案例分析题	8	6			
		2B314020 隧道地质超前预报和监控量测技术	单项选择题	1				1
			多项选择题					
			实务操作和案例分析题		6			
		2B314030 公路隧道施工	单项选择题			1	2	1
			多项选择题			2	2	
			实务操作和案例分析题			15		15
	2B315000 交通工程	2B315010 交通安全设施	单项选择题			1		1
			多项选择题		2	2	2	2
			实务操作和案例分析题			4	11	
		2B315020 监控和照明系统	单项选择题	1	1		1	
			多项选择题	2				
			实务操作和案例分析题					
2B320000 公路工程项目施工管理	2B320010 公路工程项目施工组织与部署		单项选择题			2		1
			多项选择题		2			2
			实务操作和案例分析题					
	2B320020 公路工程施工进度管理		单项选择题	2	1		1	1
			多项选择题			2		
			实务操作和案例分析题	4			6	
	2B320030 公路工程项目技术管理		单项选择题			1	1	
			多项选择题				2	2
			实务操作和案例分析题				2	
	2B320040 公路工程项目质量管理		单项选择题	1	1		1	
			多项选择题			2		
			实务操作和案例分析题		12	4		

续表

命题点			题型	2017年	2018年	2019年	2020年	2021年
2B320000公路工程项目施工管理	2B320050公路工程项目安全管理		单项选择题	3	2		1	1
			多项选择题	2	4		2	
			实务操作和案例分析题			4	2	4
	2B320060公路工程施工合同管理		单项选择题		1	1		1
			多项选择题				2	
			实务操作和案例分析题		5	4		
	2B320070公路项目施工成本管理		单项选择题	1	1	1	1	
			多项选择题		2			2
			实务操作和案例分析题	10				
	2B320080公路工程造价管理		单项选择题					1
			多项选择题			2		2
			实务操作和案例分析题			4	7	
	2B320090公路工程施工现场临时工程管理		单项选择题		2	1		
			多项选择题				2	
			实务操作和案例分析题	10		8	8	
	2B320100公路工程施工机械设备的使用管理		单项选择题			1	1	1
			多项选择题		2	2		
			实务操作和案例分析题	4				5
2B330000公路工程项目施工相关法规与标准	2B331000公路建设管理法规和标准	2B331010公路建设管理法规体系和标准体系	单项选择题		1			1
			多项选择题					
			实务操作和案例分析题					
		2B331020公路建设管理相关规定	单项选择题			2	1	
			多项选择题	2	2	2		2
			实务操作和案例分析题	4				
	2B332000公路施工安全生产和质量管理相关规定	2B332010公路工程施工安全生产相关规定	单项选择题					
			多项选择题					
			实务操作和案例分析题		6	5		
		2B332020公路工程质量管理相关规定	单项选择题	1	1		1	1
			多项选择题					
			实务操作和案例分析题					
	2B333000二级建造师（公路工程）注册执业管理规定及相关要求		单项选择题					
			多项选择题					
			实务操作和案例分析题					
合计			单项选择题	20	20	20	20	20
			多项选择题	20	20	20	20	20
			实务操作和案例分析题	80	80	80	80	80

* 自2019年起实务考卷中将“案例分析题”改为“实务操作和案例分析题”，为便于描述，本表中统称“实务操作和案例分析题”。在后续历年真题中将予以区分。

2021 年度全国二级建造师执业资格考试

《公路工程管理与实务》

真题及解析

2021 年度《公路工程管理与实务》真题

一、单项选择题（共 20 题，每题 1 分。每题的备选项中，只有 1 个最符合题意）

1. 可采用倾填方式填筑的填石路堤是（　　）。

A. 二级公路（沥青路面）的高路堤　　B. 四级公路（弹石路面）的上路堤

C. 四级公路（块石路面）的高路堤　　D. 三级公路（砂石路面）的下路堤

2. 渗井的井壁与填充料之间应设置（　　）。

A. 防渗层　　B. 封闭层

C. 反滤层　　D. 隔离层

3. 关于强夯置换的说法，正确的是（　　）。

A. 强夯置换前铺设的垫层，其材料宜采用砾石

B. 强夯置换应按照由外向内，隔行跳打的方式施工

C. 累计夯沉量应等于设计桩长

D. 强夯置换夯点的夯击次数应通过现场试夯确定

4. 无机结合料对生石灰和消石灰的技术要求中，共同的技术指标名称是（　　）。

A. 未消化残渣含量　　B. 氧化镁含量

C. 含水率　　D. 细度

5. 下列乳化沥青品种中，属于阳离子乳化沥青的是（　　）。

A. PA-1　　B. BA-1

C. PC-1　　D. BN-1

6. 无侧限抗压强度试验中，适用于无机结合料稳定土（最大粒径不超过 25mm）的试模尺寸是（　　）。

A. 试模的直径×高 = 50mm×50mm　　B. 试模的直径×高 = 100mm×100mm

C. 试模的直径×高 = 150mm×150mm　　D. 试模的直径×高 = 250mm×250mm

7. 桥梁大体积混凝土施工中，在混凝土内部设置冷却水管，并进行循环水冷却养护时，水温与内部混凝土的温差宜（　　）。

A. ≤20℃　　B. ≤25℃

C. ≤30℃　　D. ≤35℃

8. 关于挖孔灌注桩施工技术要求的说法，正确的是（　　）。

A. 孔口处应设置高出地面不小于 300mm 的护圈

B. 挖孔施工时，相邻两桩孔可同时开挖

C. 采用混凝土护壁支护的桩孔，全部挖完后再护壁

D. 桩孔直径应符合设计规定，孔壁支护可以占用桩径尺寸

9. 挂篮悬臂浇筑施工方法适用的桥梁类型是（　　）。

A. T 型刚构桥　　B. 简支 T 梁桥

C. 空心板梁桥　　D. 预制箱梁桥

10. 关于隧道地质超前预报的说法，正确的是（　　）。

A. 软弱地层中 TSP 法每次预报的距离宜为 10~20m

B. 采用地质雷达法预报时，每次预报的距离宜为 100~150m

C. 超前水平钻探每循环钻孔长度应不低于 30m

D. 富含瓦斯的煤系地层必须采用物探法进行探测

11. 关于隧道逃生通道的说法，正确的是（　　）。

A. 逃生通道距离掌子面不得大于 20m

B. 逃生通道内径不宜小于 1.0m

C. 逃生通道应随开挖进尺的增加不断加长

D. 逃生通道应设置在洞口至二次衬砌之间

12. 关于交通标志施工技术要求的说法，正确的是（　　）。

A. 加工标志的支撑结构时，钻孔、焊接作业应避免损伤钢材镀锌层

B. 为提高标志的视认性，门架式标志的面板应适当后仰

C. 立柱的长度应根据规范及设计的要求，并结合标志实际设置位置的情况进行确定

D. 路侧单柱式标志的内边缘至硬路肩边缘的距离应满足规范和设计的要求

13. 能作为全部施工活动及过程组织基本框架和纲要的是（　　）。

A. 施工总体部署　　B. 施工组织设计

C. 专项施工方案　　D. 综合应急预案

14. 具有工期较短、资源供应特别集中、现场组织管理复杂、不强调分工协作等特点的施工过程组织方法是（　　）。

A. 顺序作业法　　B. 平行作业法

C. 流水作业法　　D. 分层流水作业法

15. 桥梁工程基坑施工中，基坑外如需堆土时，堆土应距基坑边缘 1.0m 以外，堆土高度不得超过（　　）。

A. 1.0m　　B. 1.5m

C. 2.0m　　D. 2.5m

16. 根据《公路工程标准施工招标文件》，除项目专用合同条款另有约定外，下列合同文件：①投标函、②已标价工程量清单、③项目专用合同条款、④工程量清单计量规则，解释的优先顺序是（　　）。

A. ①③④②　　B. ③④①②

C. ①③②④　　D. ③①②④

17. 若因承包人原因，未能在合同约定工期内完成工程，则在约定交工日期以后施工的工程，其价格调整计算应采用（　　）。

A. 合同约定交工日期所在年份的价格指数作为当期价格指数

B. 合同约定交工日期所在年份的价格指数作为基期价格指数

C. 该延长的交工日期所在年份的价格指数作为当期价格指数

D. 该延长的交工日期所在年份的价格指数作为基期价格指数

18. 一级公路沥青混凝土路面的沥青混合料搅拌设备应使用（　　）。

A. 自落间歇式搅拌设备　　B. 强制间歇式搅拌设备

C. 连续滚筒式搅拌设备　　D. 间断滚筒式搅拌设备

19. 公路工程标准体系中，关于“规范”概念的描述，正确的是（　　）。

A. 对完成某项任务的方法、内容及形式等的要求

B. 对某一阶段或某种结构的某项任务的目的、技术内容、方法、质量等做出的系列规定

C. 对材料、产品、行为、概念或方法所做的分类或划分，并对这些分类或划分所要满足的一系列指标和要求做出的陈述和规定

D. 对材料、产品的某种特性的测定方法或完成某项任务的操作过程或程序所做出的统一规定

20. 下列公路工程质量事故中，属于较大质量事故的是（　　）。

A. 二级公路项目的中隧道结构坍塌事故

B. 二级公路项目的大桥主体结构垮塌事故

C. 高速公路项目的路基（行车道宽度）整体滑移事故

D. 直接经济损失5000万元以上1亿元以下的事故

二、多项选择题（共10题，每题2分。每题的备选项中，有2个或2个以上符合题意，至少有1个错项。错选，本题不得分；少选，所选的每个选项得0.5分）

21. 路堤试验路段施工总结内容包括（　　）。

A. 填料试验、检测报告　　B. 对施工图的修改建议

C. 弃方实施方案　　D. 安全保证措施

E. 环保措施

22. 关于填隙碎石施工的说法，正确的有（　　）。

A. 填隙碎石施工应采用胶轮压路机

B. 填隙碎石基层未洒透层沥青或未铺封层时，不得开放交通

C. 填隙碎石层上为薄沥青面层时，碾压后，填隙碎石表面的集料间空隙应填满，集料不得外露

D. 填隙料的用量宜为集料质量的30%~40%

E. 应由近到远将集料按计算的距离卸置于下承层上，并严格控制卸料距离

23. 关于模板、支架和拱架拆除的说法，正确的有（　　）。

A. 非承重侧模板一般应在混凝土抗压强度达到2.5MPa时拆除

B. 芯模和预留孔道内模，应在混凝土强度能保证其表面不发生塌陷和裂缝现象时才可拔除

C. 钢筋混凝土结构的承重模板、支架，应在混凝土强度能承受其自重荷载及其他可能的叠加荷载时，才可拆除

D. 对预应力混凝土结构，其侧模应在预应力钢束张拉后拆除，底模及支架应在结构建立预应力前可拆除

E. 现浇混凝土拱圈的拱架，设计未规定时，应在拱圈混凝土强度达到设计强度的85%后，方可卸落拆除

24. 隧道围岩分级时，确定岩体基本质量指标BQ值需考虑的因素有（　　）。

A. 地下水　　B. 岩石的坚硬程度

C. 主要软弱结构面　　D. 岩体完整程度

E. 初始地应力

25. 下列交通安全设施中，属于交通标线的有（　　）。

A. 路面文字标记　　B. 立面标记

C. 实体标记　　D. 突起路标

E. 线形诱导标

26. 确定施工开展顺序时，应优先安排的项目有（　　）。

A. 按生产工艺要求，须先期投入生产的项目

B. 采用新技术、新工艺的项目

C. 施工难度大、工期长的项目

D. 工程量小、周期较短的项目

E. 临时设施等施工辅助项目

27. 关于公路工程施工测量管理的说法，正确的有（　　）。

A. 施工测量，应遵循由局部到整体的测量布局原则

B. 由监理单位组织，设计单位对施工单位进行现场交接桩工作

C. 设计提供的控制点过稀而不能满足施工放样时，需要加密布点联测

D. 标段的起点与终点应与相邻标段共用同一水准点

E. 施工过程中，应对控制网（点）进行定期复测，复测周期不应超过 6 个月

28. 根据《公路工程建设项目概算预算编制办法》，属于专项费用的有（　　）。

A. 场区平整硬化费用

B. 红线范围内贯通便道费用

C. 承包人工地试验室区域临时便道费用

D. 工地试验室属于固定资产的仪器折旧费

E. 工程交工、竣工验收费

29. 根据《公路工程标准施工招标文件》，第 200～700 章清单综合单价包括的费用有（　　）。

A. 直接费　　B. 施工辅助费

C. 规费　　D. 安全生产费

E. 工程一切险

30. 公路工程施工总承包二级资质企业承包工程的范围有（　　）。

A. 一级标准以下的公路工程

B. 长度 3000m 以下的隧道工程

C. 单座桥长 1000m 以下、单跨跨度 150m 以下的桥梁工程

D. 高速公路的路面工程

E. 二级标准以下的公路工程

三、实务操作和案例分析题（共 4 题，每题 20 分）

（一）

背景资料：

某施工单位承建了一级公路路基工程，路基宽度 25m，其中 K2+100～K2+500 为路堑，K6+200～K6+900 为斜坡高路堤。施工前，施工单位对原地面进行复测，核对了横断面地面线。在深挖、高填路段施工中，每开挖、填筑一个边坡平台或 3～5m，复测横断面。

K2+100～K2+500 段路堑施工中，第一级边坡采用路堑挡土墙加固，第二级采用挂铁丝网喷播基材绿化封闭，防治坡面风化剥落，路堑高边坡加固设计如图 1 所示。挡土墙的施工工序包括：①测量放样；②墙身施工；③基础施工；④基坑开挖；⑤其他附属工程施工。挡土墙施工中，基坑开挖分段跳槽进行；作业高度超过 1. 8m 时，设置脚手架；挡土墙高度超过 2m 时，按高处作业要求进行安全防护。

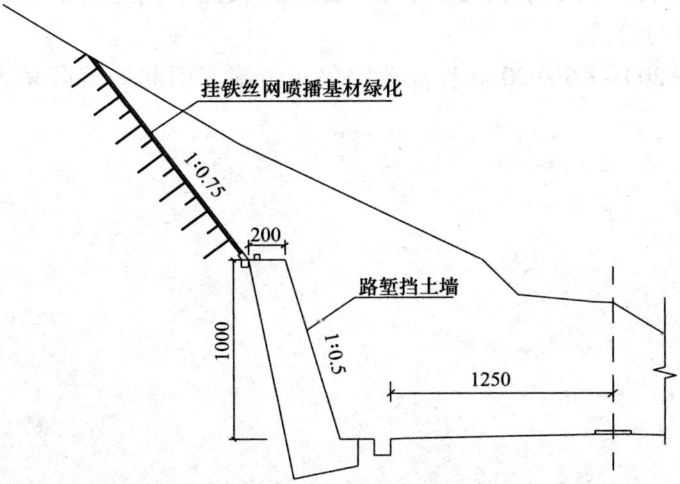

图 1　路堑高边坡加固设计图（图中尺寸以 cm 计）

K6+200～K6+900 段斜坡高路堤填筑前，对原地基进行了压实，压实度控制在 90%以上。斜坡高路堤段采用强度高、水稳性好的材料进行水平分层填筑，并按设计要求预留高度与宽度，每填筑 2m 进行冲击补压一次。为提高施工安全与施工质量，施工单位对斜坡高路堤进行了稳定监测，稳定监测设施按图 2 中所示位置布设，纵向按每 200m 间距布置一处，并优先安排斜坡高路堤施工，预留了 5 个月的沉降期。斜坡高路堤完工后，路堤沉降稍大，经处理合格后，通过验收。

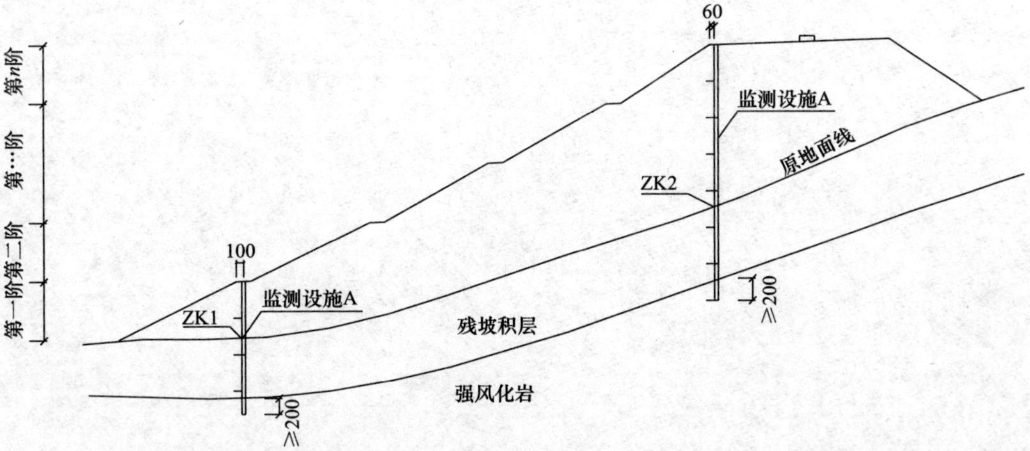

图 2　斜坡高路堤稳定监测布设示意图（图中尺寸以 cm 计）

问题：

1. 写出图 2 中监测设施 A 的名称，还可设置哪些沉降位移监测设施？

2. 对深挖、高填路段，每开挖、填筑一个边坡平台或 3~5m，还应复测什么项目？

3. 写出挡土墙施工工序的正确顺序（用序号表示，如⑤①③②④）。工序⑤中的其他附属工程包括哪些构造物？

4. 按照挡土墙墙背形式划分，K2+100~K2+500 段路堑挡土墙属于哪种形式的挡土墙？改正挡土墙施工中的错误。

5. 试分析 K6+200~K6+900 斜坡高路堤段，由施工引起的沉降稍大病害的 4 个可能原因。

（二）

背景资料：

某重要的三级旅游公路，设计速度为 40km/h，起讫桩号 K0+000～K8+300，项目所在区域湿润、多雨，且年降水量在 600mm 以上。路基材料为渗水差的细粒土（渗透系数不大于 10^{-5}cm/s），路面底基层、基层由无机结合料稳定材料组成，路面面层为 C30 水泥混凝土，路面结构形式示意如图 1 所示。

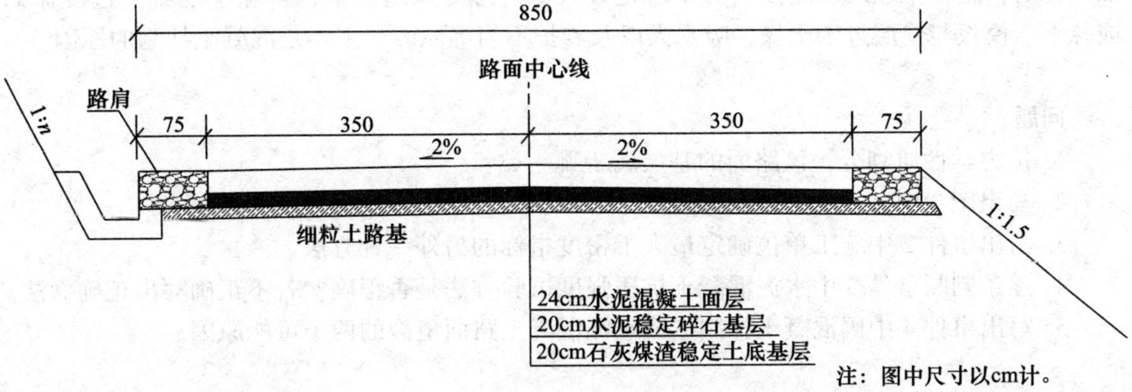

图 1　路面结构形式示意图

施工中发生如下事件：

事件 1：在路面底基层、基层施工前，施工单位对无机结合料稳定材料组成进行了设计，设计流程如图 2 所示。

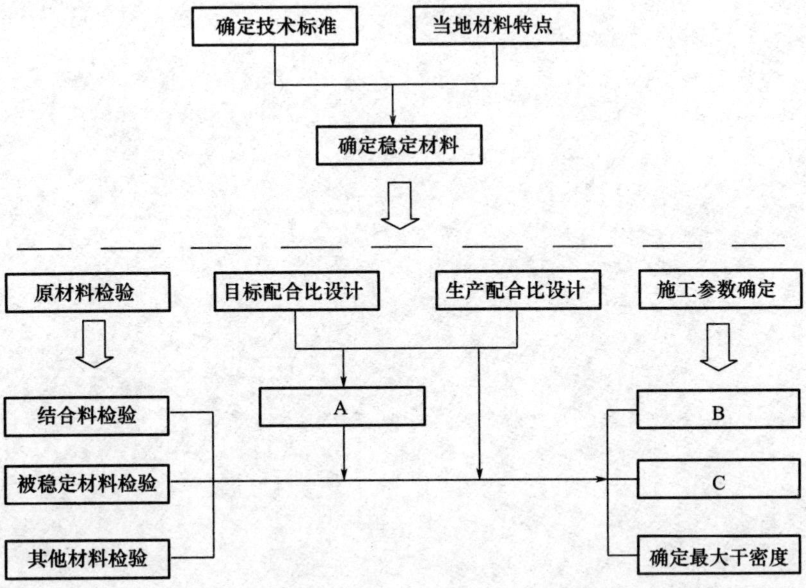

图 2　无机结合料稳定材料组成设计流程图

事件 2：施工单位在无机结合料稳定材料组成设计中，采用振动压实方法确定最大干密度指标。

事件3：水泥混凝土路面施工过程中，施工单位工地实验室做了水泥混凝土抗压强度试验，试验方法如下：

（1）采用边长为100mm的正方体为标准试件。

（2）发现有蜂窝缺陷，在试验前1天用水泥浆填补修整，并在报告中加以说明。

（3）以试件成型时的正面作为受压面进行压力试验。

事件4：水泥混凝土路面施工前，施工单位做了一段路面试验段。试验段水泥混凝土路面硬化后，施工单位发现路面局部出现龟裂现象。经专家组分析，排除了混凝土过度振捣或抹平、模板与垫层过于干燥，吸水大以及养护不当等原因，主要是混凝土拌制的原因。

问题：

1. 按力学性质划分，该路面的基层属于哪一类？
2. 写出图2中A、B、C的名称。
3. 写出事件2中施工单位确定最大干密度指标的另外一种方法。
4. 逐条判断事件3中水泥混凝土抗压强度试验方法是否正确？若不正确写出正确做法。
5. 写出事件4中因混凝土拌制造成水泥混凝土路面龟裂的两个可能原因。

（三）

背景资料：

某二级公路一标段共12座涵洞工程，包括箱涵及盖板涵等结构形式，其中某座盖板涵设计示意图如下图所示。施工单位确定了盖板涵的主要施工工序如下：

测量放线→基坑开挖→现浇混凝土基础→浆砌墙身→（B）→提前预制盖板并吊装→出入口浆砌→（C）→涵洞回填及加固。

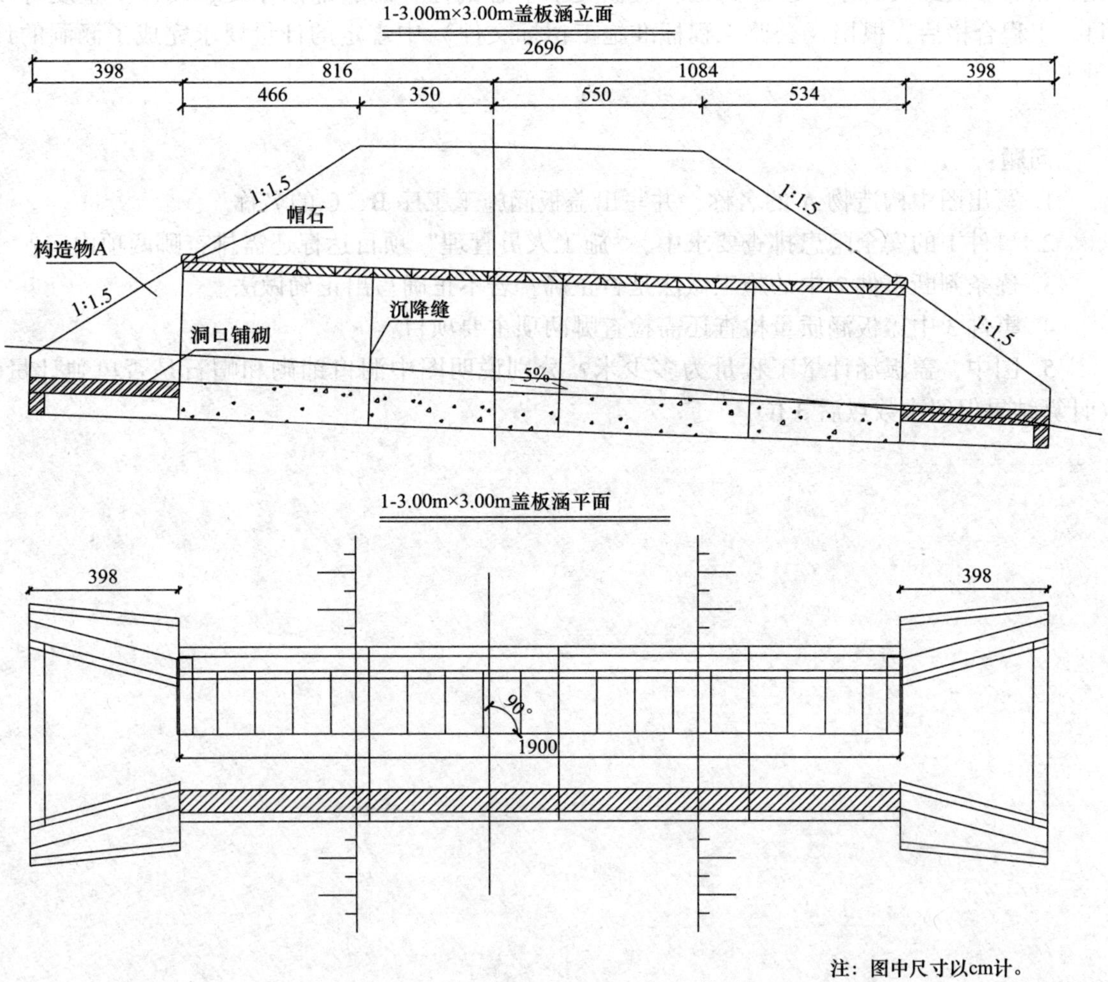

盖板涵设计示意图

施工中发生如下事件：

事件1：工程开工初期，项目经理组织人员进行了安全生产隐患排查，要求现场须做到“施工人员管理”和“施工现场安全防护”两项达标。经检查，“施工人员管理”方面的一线人员用工登记、施工安全培训记录和各类人员持证上岗都符合规定。

事件2：针对各类涵洞，部分施工做法如下：

（1）预制盖板等成品混凝土强度达到设计强度85%时，方可搬运安装，安装后预制构件上的吊装孔应以砂浆填塞。

（2）现浇箱涵分两阶段施工，先进行梗肋混凝土的浇筑，然后再完成剩余部分的混凝土浇筑。

（3）涵洞台背回填填料宜采用透水性材料，透水性材料不足时，可采用石灰土或水泥稳定土回填。

（4）涵洞洞身两侧回填，应同时、水平、分层、对称地进行填筑，压实度不应小于90%。

事件3：盖板涵施工过程中监理工程师检查了混凝土和砂浆强度、结构尺寸、长度、跨径、相邻板块最大高差、顶面高程、盖板支承中心偏位、涵底铺砌厚度、砌体平整度等项目。工程合格后，根据《公路工程标准施工招标文件》中规定的计量要求完成了涵洞的计量工作。

问题：

1. 写出图中构造物A的名称，并写出盖板涵施工工序B、C的名称。
2. 事件1的安全隐患排查要求中，“施工人员管理”项目达标还需排查哪两项内容？
3. 逐条判断事件2中的施工做法是否正确？若不正确写出正确做法。
4. 事件3中盖板涵质量检查还需检查哪两项主要项目？
5. 图中，盖板涵计量工程量为多少米？分别说明图中洞口铺砌和帽石是否单独计量？(计算结果保留小数点后3位)

（四）

背景资料：

某二级公路双车道隧道全长850m，起讫桩号为K3+450~K4+300，地层岩性以钙质砂岩为主，包含Ⅲ、Ⅳ和Ⅴ级围岩，无不良地质。地下水类型以基岩裂隙水为主，隧道内排水设施横断面布置示意图如下图所示。

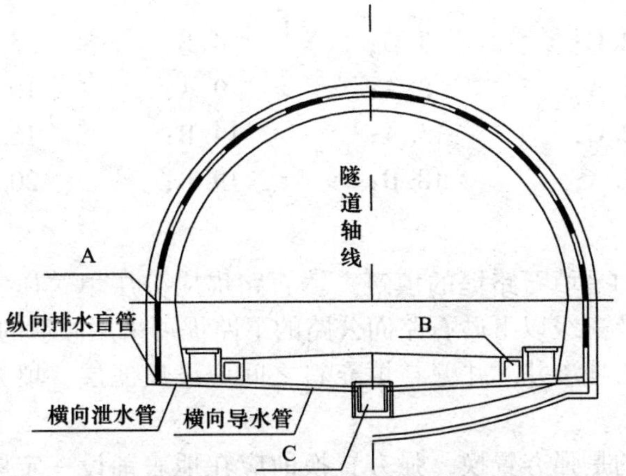

隧道内排水设施横断面布置示意图

施工中发生如下事件：

事件1：施工单位在Ⅲ级围岩段采用钻爆法施工，采用的机械设备拟在下列设备中选择：风动凿岩机、盾构机、装药台车、轮胎式装载机、混凝土湿喷设备、柴油自卸卡车、汽油自卸卡车、混凝土搅拌运输车、混凝土输送泵、衬砌台车、空气压缩机等。

事件2：施工过程中，施工单位按照下列要求进行了防水板的施工。

（1）防水板铺设前应对初期支护表面外露的坚硬物和局部渗漏水进行处理；

（2）初期支护表面应平整，无空鼓、裂缝、松酥，不平处用喷射混凝土找平；

（3）防水板宜采用高分子材料，幅宽2~4m，厚度不宜小于1mm；

（4）防水板要求无钉铺设，环向分幅铺挂。

事件3：施工单位采用充气法检查防水板搭接焊缝质量时，当压力达到0.25MPa时停止充气，保持一定时间，压力下降在规定幅度以内时，判定焊缝质量合格。

问题：

1. 写出图中排水设施A、B、C的名称。
2. 指出事件1中隧道开挖和出渣时宜选用的五种机械设备。
3. 逐条判断事件2中的施工要求是否正确？若不正确写出正确要求。
4. 说明事件3中压力应保持的时间以及在规定时间内压力下降的规定幅度。

2021年度真题参考答案及解析

一、单项选择题

1. D；	2. C；	3. D；	4. B；	5. C；
6. B；	7. A；	8. A；	9. A；	10. C；
11. A；	12. C；	13. A；	14. B；	15. B；
16. A；	17. A；	18. B；	19. B；	20. C。

【解析】

1. D。本题考核的是填石路堤的填筑。填石路堤应分层填筑压实。在陡峻山坡地段施工特别困难时，三级及三级以下砂石路面公路的下路堤可采用倾填的方式填筑。

2. C。本题考核的是渗井。井壁与填充料之间应设反滤层，填充料与反滤层应分层同步施工。

3. D。本题考核的是强夯置换。强夯置换前应在地表铺设一定厚度的垫层，垫层材料宜与桩体材料相同，故A选项错误。强夯置换应按照由内向外、隔行跳打的方式施工，故B选项错误。累计夯沉量应为设计桩长的1.5~2.0倍，故C选项错误。强夯置换夯点的夯击次数应通过现场试夯确定，故D选项为正确答案。

4. B。本题考核的是生石灰和消石灰的技术要求。生石灰技术要求：在有效氧化钙加氧化镁含量、未消化残渣含量、氧化镁含量三个指标方面，应符合相关规范的规定。消石灰技术要求：在有效氧化钙加氧化镁含量、含水率、细度、氧化镁含量四个指标方面，应符合相关规范的规定。

5. C。本题考核的是乳化沥青品种。阳离子乳化沥青的品种包括：PC-1、PC-2、PC-3、BC-1。PA-1和BA-1属于阴离子乳化沥青。BN-1属于非离子乳化沥青。

6. B。本题考核的是无侧限抗压强度试验仪器设备。试模适用于下列不同土的试模尺寸为：细粒土（最大粒径不超过10mm）：试模的直径×高=50mm×50mm；中粒土（最大粒径不超过25mm）：试模的直径×高=100mm×100mm；粗粒土（最大粒径不超过40mm）：试模的直径×高=150mm×150mm。

7. A。本题考核的是大体积混凝土施工。大体积混凝土的温度控制宜按照“内降外保”的原则，对混凝土内部采取设置冷却水管通循环水冷却，对混凝土外部采取覆盖蓄热或蓄水保温等措施进行。在混凝土内部通水降温时，进出口水的温差宜小于或等于10℃，且水温与内部混凝土的温差宜不大于20℃，降温速率宜不大于2℃/d。

8. A。本题考核的是挖孔灌注桩施工技术要求。孔口处应设置高出地面不小于300mm的护圈，并应设置临时排水沟，防止地表水流入孔内，故A选项正确。挖孔施工时相邻两桩孔不得同时开挖，宜间隔交错跳挖，故B选项错误。采用混凝土护壁支护的桩孔必须挖一节浇筑一节护壁，故C选项错误。桩孔直径应符合设计规定，孔壁支护不得占用桩径尺寸，故D选项错误。

9. A。本题考核的是悬臂浇筑施工。悬臂浇筑施工中，适用于大跨径的预应力混凝土悬臂梁桥、连续梁桥、T 型刚构桥、连续刚构桥。其特点是无须建立落地支架，无须大型起重与运输机具，主要设备是一对能行走的挂篮。

10. C。本题考核的是隧道地质超前预报的方法。TSP 法适用于各种地质条件，对断层、软硬接触面等面状结构反射信号较为明显，每次预报的距离宜为 100~150m，故 A 选项错误。地质雷达法适用于岩溶、采空区探测，也可用于探测断层破碎带、软弱夹层等不均匀地质体，在岩溶不发育地段每次预报距离宜为 10~20m，故 B 选项错误。富水构造破碎带、富水岩溶发育地段、煤系或油气地层、瓦斯发育区、采空区以及重大物探异常地段等地质复杂隧道和水下隧道必须采用超前钻探法预报、评价前方地质情况，故 D 选项错误。

11. A。本题考核的是隧道逃生通道。软弱围岩隧道开挖掌子面至二次衬砌之间应设置逃生通道，随开挖进尺不断前移，逃生通道距离开挖掌子面不得大于 20m。逃生通道的刚度、强度及抗冲击能力应满足安全要求，逃生通道内径不宜小于 0. 8m。

12. C。本题考核的是交通标志施工技术要求。在加工标志的支撑结构时，应保证钻孔、焊接等加工在钢材镀锌之前完成，故 A 选项错误。在架设标志时，标志面板与车流方向所成角度应满足有关规范和设计的要求，不允许出现过度偏转或后仰的现象，故 B 选项错误。在加工立柱时，应根据有关规范及设计的要求，并结合标志实际设置位置的情况，确定立柱的长度，故 C 选项正确。对于单柱式标志、双柱式标志的内边缘至土路肩边缘的距离应满足有关规范和设计的要求，故 D 选项错误。

13. A。本题考核的是施工总体部署。施工总体部署是对建设项目的施工全局做出统筹规划，简明阐述施工条件的创造和施工，展开的战略总体思路，使之成为全部施工活动及过程组织的基本框架和纲领，它主要解决影响建设项目全局的重大战略问题。

14. B。本题考核的是平行作业法的主要特点。平行作业法的主要特点：

（1）充分利用工作面进行施工，（总）工期较短。

（2）每天同时投入施工的劳动力、材料和机具数量较大，材料供应特别集中，所需作业班组很多，影响资源供应的组织工作。

（3）如果各工作面之间需共用某种资料时，施工现场的组织管理比较复杂、协调工作量大。

（4）不强调分工协作，各作业单位都是间歇作业，此点与顺序作业法相同。

15. B。本题考核的是桥梁工程施工安全管理措施。基坑外堆土时，堆土应距基坑边缘 1m 以外，堆土高度不得超过 1. 5m。

16. A。本题考核的是合同文件的优先顺序。解释合同文件的优先顺序：（1）合同协议书及各种合同附件；（2）中标通知书；（3）投标函及投标函附录；（4）项目专用合同条款；（5）公路工程专用合同条款；（6）通用合同条款；（7）工程量清单计量规则；（8）技术规范；（9）图纸；（10）已标价工程量清单；（11）承包人有关人员、设备投入的承诺及投标文件中的施工组织设计；（12）其他合同文件。

17. A。本题考核的是工程拖延的价款调整。如果承包人未能在投标书附录中写明的工期内完成本合同工程，则在该交工日期以后施工的工程，其价格调整计算应采用该交工日期所在年份的价格指数作为当期价格指数。

18. B。本题考核的是沥青混凝土搅拌设备。沥青混凝土搅拌设备分为：强制间歇式和连续滚筒式。按我国目前规范要求，高等级公路建设应使用强制间歇式搅拌设备，连续滚筒式搅拌设备用于普通公路建设。

19. B。本题考核的是公路工程标准体系设计的主要术语。规范是指对某一阶段或某种结构的某项任务的目的、技术内容、方法、质量要求等做出的系列规定。

20. C。本题考核的是较大质量事故。较大质量事故，是指造成直接经济损失 1000 万元以上 5000 万元以下，或者高速公路项目中桥或大桥主体结构垮塌、中隧道或长隧道结构坍塌、路基（行车道宽度）整体滑移，或者中型水运工程主体结构垮塌、报废的事故。

二、多项选择题

21. A、B、D、E； 22. B、D； 23. A、B、C、E；
24. B、D； 25. A、B、C、D； 26. A、C、E；
27. C、D、E； 28. A、C、D； 29. A、B、C；
30. A、C、E。

【解析】

21. A、B、D、E。本题考核的是路堤试验路段施工总结宜包括的内容。路堤试验路段施工总结宜包括下列内容：（1）填料试验、检测报告等；（2）压实工艺主要参数：机械组合、压实机械规格、松铺厚度、碾压遍数、碾压速度、最佳含水率及碾压时含水率范围等；（3）过程工艺控制方法；（4）质量控制标准；（5）施工工组织方案及工艺的优化；（6）原始记录、过程记录；（7）对施工图的修改建议等；（8）安全保障措施；（9）环保措施。

22. B、D。本题考核的是填隙碎石施工。填隙碎石施工宜采用振动压路机碾压，故 A 选项错误。填石碎石层上为薄层沥青面层时，宜使集料的棱角外漏 3～5mm，故 C 选项错误。应由远到近将集料按计算的距离卸置于下承层上，应严格控制卸料距离，故 E 选项错误。

23. A、B、C、E。本题考核的是模板、支架和拱架的拆除。对预应力混凝土结构，其侧模应在预应力钢束张拉前拆除，底模及支架应在结构建立预应力后方可拆除，故 D 选项错误。

24. B、D。本题考核的是围岩分级的判定方法。隧道围岩分级的综合评判方法宜采用两步分级，根据岩石的坚硬程度和岩体完整程度两个基本因素的定性特征和定量的岩体基本质量指标 BQ，综合进行初步分级。

25. A、B、C、D。本题考核的是交通标线的构成。交通标线的主要作用是传递有关道路交通的规则、警告和指引交通。它是由施划或安装于道路上的各种线条、箭头、文字、图案、立面标记、实体标记、突起路标等构成的。

26. A、C、E。本题考核的是确定工程开展顺序，应优先安排的项目。确定工程开展顺序，通常应优先安排的项目有：

（1）按生产工艺要求，须先期投入生产或起主导作用的项目。

（2）工程量大、施工难度大、工期长的项目。

（3）运输系统、动力系统。

（4）公路运行需要的服务区、收费站的办公楼及部分建筑等，以便施工临时占用。

（5）供施工使用的工程项目，如采砂（石）场、木材加工厂、各种构件加工厂、混凝土搅拌站等施工辅助项目，以及其他施工服务项目，如临时设施等。

27. C、D、E。本题考核的是公路工程施工测量管理。施工测量应遵循“由整体到局部”的测量布局原则，故 A 选项错误。设计控制桩交接由建设单位组织，监理单位参加，设计单位对施工单位进行现场交接桩工作，故 B 选项错误。

28. A、C、D。本题考核的是专项费用。专项费用包括施工场地建设费和安全生产费。其中，施工场地建设费包括按照工地建设标准化要求进行承包人驻地、工地试验室建设、办公、生活居住房屋和生产用房屋等费用；场地平整、场地硬化、排水、绿化、标志、污水处理设施、围墙隔离设施等费用，以及以上范围内各种临时工作便道、人行便道，工地临时用水、用电的水管支管和电线支线，临时构筑物、其他小型临时设施等的搭设或租赁、维修、拆除及清理的费用；但不包括红线范围内贯通便道、进出场的临时便道、保通便道。另外，还包括工地试验室所发生的属于固定资产的试验设备和仪器等折旧、维修或租赁费用以及施工扬尘污染防治措施费和文明施工、职工健康生活的费用。

29. A、B、C。本题考核的是综合单价计算方法。按综合单价计算报价是所填人工程量清单的单价，应包括人工费、材料费、机械使用费、措施费、间接费、利润和税金以及风险金等全部费用。

30. A、C、E。本题考核的是施工总承包二级资质企业承包工程的范围。公路工程施工总承包二级资质企业承包工程的范围：可承担一级标准以下公路，单桥长 1000m 以下、单跨跨度 150m 以下的桥梁，长度 1000m 以下的隧道工程的施工。

三、实务操作和案例分析题

（一）

1. 图 2 中监测设备 A 的名称是测斜管。还可设置的沉降位移监测设施包括：地表水平位移桩、地表型沉降计（或沉降板或桩）。

2. 每开挖、填筑一个边坡平台或 3~5m，还应复测中线。

3. 挡土墙施工工序的正确顺序为：①④③②⑤。

其他附属工程包括：伸缩缝与沉降缝、泄水孔、锥坡。

4. K2+100~K2+500 段路堑挡土墙属于仰斜式挡土墙。

错误之处：“作业高度超过 1.8m 时，设置脚手架”。

正确做法：“作业高度超过 1.2m 时，设置脚手架”。

5. 斜坡高路堤沉降的 4 个主要原因：

（1）地基处理不彻底。

（2）填筑层厚度偏大。

（3）压实不均匀，压实度达不到要求。

（4）路堤固结沉降。

（二）

1. 属于半刚性基层。

2. A：级配优化；B：确定结合料剂量（或确定合理含水率）；C：确定合理含水率（或确定结合料剂量）。

3. 重型击实方法。

4. （1）不正确。

正确做法：应采用边长为 150mm 的正方体为标准试件。

（2）不正确。

正确做法：发现有蜂窝缺陷，在试验前3天用水泥浆填补修整，并在报告中加以说明。

（3）不正确。

正确做法：以试件成型时的侧面作为受压面进行压力试验。

5. 混凝土路面龟裂的两个可能原因：

（1）混凝土拌制时水胶比过大。

（2）混凝土配合比不合理。

（三）

1. A：八字墙；B：现浇板座；C：防水层施工。

2. 还需排查内容：安全技术交底记录和施工意外伤害责任保险。

3.（1）正确。

（2）不正确。

正确做法：先进行底板和梗肋混凝土浇筑，然后再完成剩余部分的混凝土浇筑。

（3）正确。

（4）不正确。

正确做法：涵洞洞身两侧回填，应同时、水平、分层、对称地进行填筑，压实度不应小于96%。

4. 事件3中盖板涵质量检查还需检查的项目包括：轴线偏位和涵底流水面高程。

5. 计量长度：$\sqrt{19^2+(19\times5\%)^2}=19.024$m。

洞口铺砌不单独计量；帽石不单独计量。

（四）

1. 排水设施A的名称：环向排水盲管（或竖向泄水管、或环向排水管）。

排水设施B的名称：路侧边沟。

排水设施C的名称：中央排水管（沟）。

2. 事件1中隧道开挖和出渣时宜选用的机械设备有：风动凿岩机、轮胎式装载机、装药台车、柴油自卸卡车、空气压缩机。

3.（1）正确。

（2）正确。

（3）不正确。

正确要求：防水板宜采用高分子材料，幅宽2~4m，厚度不宜小于1.5mm。

（4）不正确。

正确要求：防水板要求无钉铺设，环向整幅铺挂。

4. 压力应保持的时间为15min。

规定时间内压力下降的规定幅度在10%以内。

2020 年度全国二级建造师执业资格考试

《公路工程管理与实务》

真题及解析

2020年度《公路工程管理与实务》真题

一、单项选择题（共20题，每题1分。每题的备选项中，只有1个最符合题意）

1. 软土地基处理时，水泥搅拌桩支挡型隔离墙宜采用（　　）。

A. CFG桩　　B. 粒料桩　　C. 粉喷桩　　D. 浆喷桩

2. 桥梁施工测量中，布设大桥、特大桥的主要控制桩（或其护桩），均应测量其（　　）。

A. 坐标、相互间的距离与角度　　B. 里程、相互间的距离与角度

C. 高程、尺寸　　D. 坐标、高程、埋置深度

3. 关于高填方路基沉降原因的说法，正确的是（　　）。

A. 未设置反压护道

B. 高填方路堤两侧超填宽度过宽

C. 路堤固结沉降

D. 路基边缘压实遍数不够

4. 沥青混合料配合比设计中，若SBS改性剂的添加量为5%，表明SBS改性剂质量占（　　）总质量的5%。

A. 混合料　　B. 矿料

C. 改性沥青　　D. 基质沥青

5. 水泥混凝土路面采用小型机具施工时，滚杠所起的作用是（　　）。

A. 振密材料　　B. 提浆整平

C. 避免材料离析　　D. 提高表面粗糙度

6. 采用圆柱体试件测试水泥稳定碎石（最大粒径31.5mm）的无侧限抗压强度，制备试件的尺寸应是（　　）。

A. 直径100mm，高：直径=1：1　　B. 直径100mm，高：直径=1.5：1

C. 直径150mm，高：直径=1：1　　D. 直径150mm，高：直径=1.5：1

7. 钻孔灌注桩施工中，埋放护筒的作用是（　　）。

A. 固定钻机　　B. 保护孔口地面

C. 截断地下水　　D. 保证孔的垂直度

8. 关于先张法预应力张拉操作时，热轧带肋钢筋张拉程序的说法，正确的是（　　）。

A. 0→初应力→$1.03\sigma_{con}$（锚固）

B. 0→初应力→σ_{con}（持荷5min锚固）

C. 0→初应力÷$1.05\sigma_{con}$（持荷5min）→0→σ_{con}（锚固）

D. 0→初应力→$1.05\sigma_{con}$（持荷5min）→$0.9\sigma_{con}$→σ_{con}（锚固）

9. 关于预制梁块悬臂拼装使用胶粘剂的说法，正确的是（　　）。

A. 采用人工拌合　　B. 涂抹厚度不小于3mm

C. 涂抹覆盖不少于半个匹配面　　D. 应在梁体的全断面挤出

10. 关于仰拱和底板施工的说法，错误的是（　　）。

A. 仰拱混凝土超前拱墙混凝土施工的超前距离，宜保持3倍以上衬砌循环作业长度

B. 仰拱以上的混凝土或片石混凝土应在仰拱混凝土达到设计强度的70%后施工

C. 仰拱和底板混凝土强度达到设计强度90%后方可允许车辆通行

D. 仰拱施工宜整断面一次成型，不宜左右半幅分次浇筑

11. 关于隧道水害原因的说法，正确的是（　　）。

A. 隧道穿过含煤层地层

B. 衬砌混凝土收缩

C. 衬砌厚度不足

D. 穿过节理、裂隙发育、含裂隙水的岩层

12. 设置隧道照明系统能避免隧道黑洞效应，使驾驶员适应隧道内外的（　　）。

A. 视距差　　B. 视角差

C. 视线差　　D. 亮度差

13. 在施工过程基本组织方法中，可以科学地利用工作面，实现不同专业队之间平行施工的是（　　）。

A. 顺序作业法　　B. 平行作业法

C. 流水作业法　　D. 平行顺序作业法

14. 工地试验室设备管理中，使用状态标识为“准用”时，用（　　）色标签进行标识。

A. 红　　B. 黄　　C. 绿　　D. 蓝

15. 根据《公路工程质量检验评定标准 第一册 土建工程》JTG F80/1—2017，一般项目的合格率应不低于（　　）。

A. 75%　　B. 80%

C. 85%　　D. 90%

16. 关于高处作业安全管理的措施，正确的是（　　）。

A. 安全绳不宜用作悬吊绳

B. 高处作业人员应定期进行体检

C. 作业面与水平安全网之间的高差不得超过5.0m

D. 安全绳的有效长度不应大于2.5m

17. 根据《公路工程建设项目概算预算编制办法》，属于措施费的是（　　）。

A. 文明施工费　　B. 施工场地建设费

C. 施工辅助费　　D. 安全生产费

18. 下列压路机中，最适用于碾压块石的是（　　）。

A. 凸块式振动压路机　　B. 羊足式振动压路机

C. 5~10t光轮振动压路机　　D. 10~15t光轮振动压路机

19. 关于公路工程招标投标管理的说法，正确的是（　　）。

A. 施工图设计文件审查后即可开展施工招标

B. 采用资格后审方式进行施工招标的，投标文件应当以双信封形式密封

C. 招标人应当规定最低投标限价和最高投标限价

D. 有效投标不足3个的，评标委员会应当否决全部投标

20. 二级公路上某座桥梁，孔径布置为4×3m。桥全长130m，施工过程中，该桥梁发生了主体结构垮塌的质量事故，该质量事故的等级为（　　）。

A. 一般质量事故　　B. 较大质量事故

C. 重大质量事故　　D. 特别重大质量事故

二、多项选择题（共10题，每题2分、每题的备选项中。有2个或2个以上符合题意，至少有1个错项。错选，本题不得分少选，所选的每个选项得0.5分）

21. 石质路堑施工采用微差爆破方法的优点有（　　）。

A. 使爆破面形成一个光滑平整的坡面　　B. 可减震1/3~2/3

C. 加强了岩石破碎效果　　D. 可节省炸药

E. 一次可形成数百米路基

22. 柱板式锚杆挡土墙的组成包括（　　）。

A. 挡土板　　B. 肋柱

C. 锚杆　　D. 壁面板

E. 沉降缝

23. 关于提高水泥稳定碎石材料强度的说法，正确的有（　　）。

A. 适当增加水泥用量　　B. 增加材料分档备料个数

C. 提高压实度标准　　D. 增加拌合用水量

E. 采用二次拌合生产工艺

24. 关于滑升模板浇筑桥墩混凝土的说法，正确的有（　　）。

A. 宜采用高流动度混凝土

B. 浇筑应分层分段进行

C. 应采用插入式振动器振捣

D. 为加快模板提升时间，可掺入一定数量的早强剂

E. 宜采用半干硬性混凝土

25. 当隧道围岩较差、跨度大、浅埋、地表沉降需要控制时，适用的开挖方法有（　　）。

A. 全断面法　　B. 台阶法

C. 中隔壁法（CD法）　　D. 交叉中隔壁法（CRD法）

E. 环形开挖预留核心土法

26. 下列交通安全设施中，能起诱导视线作用的有（　　）。

A. 轮廓标　　B. 隔离栅

C. 护栏　　D. 突起路标

E. 防撞筒

27. 关于公路工程施工测量管理的说法，正确的有（　　）。

A. 对设计平面控制桩和高程控制桩等逐一进行确认接收，做好记录，办理交接桩签认手续

B. 完成复测后，编制复测成果报告，经监理、设计单位签字确认后使用

C. 在设计控制网点的基础上进行加密时，相邻加密桩点间保证通视且间距不宜超过300m

D. 水准点加密时，沿路线每300m应有一个水准点

E. 导线复测时，同一建设项目相邻施工段的导线应闭合，并满足同等精度要求

28. 关于分包合同管理的说法，正确的有（　　）。

A. 监理人只与承包人有监理与被监理关系，对分包人在现场施工仅承担协调管理义务

B. 承包人对分包工程的实施具有全面管理责任

C. 监理人就分包工程施工发布的任何指示均应同时发给承包人和分包人

D. 分包人不能直接向监理人提出付款申请

E. 分包人的索赔要求只能向承包人提出

29. 关于施工单位项目部驻地建设要求的说法，正确的有（　　）。

A. 自建房最低标准为活动板房，搭建不宜超过三层

B. 项目经理部人均办公面积一般不小于 $6m^2$

C. 生活污水排放应进行规划设计，设置一级沉淀池

D. 寒冷地区驻地办公区、生活区应采用集中供暖设计，严禁电力取暖

E. 驻地采用院落封闭管理，距离集中爆破区 300m 以外

30. 根据《公路水运工程安全生产监督管理办法》，施工单位项目负责人对项目安全生产工作负有的职责有（　　）。

A. 按规定配足项目专职安全生产管理人员

B. 组织制定项目安全生产教育和培训计划

C. 督促落实本单位施工安全风险管控措施

D. 督促项目安全生产费用的规范使用

E. 依据风险评估结论，完善施工组织设计和专项施工方案

三、实务操作和案例分析题（共 4 题，每题 20 分）

（一）

背景资料：

施工单位承建了某二级公路路基工程，路基宽度 10m。其中 K1+600～K1+900 为软土地基，该路段原地面平坦，路基为填方路堤，设计采用碎石桩处理软基，碎石桩桩径 D 为 0.5m，桩中心间距 S 为 1.3m，正三角形布置，桩长 h 为 6m，桩内填充碎石填料，填料最大粒径 50mm，含泥量不大于 5%。碎石桩布置如下图所示。

施工单位专业工程师编制了软基路堤填筑施工方案，项目技术部门对施工方案进行了审核，项目经理审批后用于指导施工。

碎石桩采用振动沉管法施工，针对碎石桩施工，施工单位在施工前进行了成桩挤密试验。施工过程中，先开挖纵横排水沟，将农田排水疏干，并清除表层淤泥质土，清基后先铺设 0.25m 厚的级配碎石并压实，然后进行碎石桩施工，打完碎石桩后铺设土工格栅，再铺设级配碎石垫层。首排碎石桩里程桩号为 K1+600，最后一排里程桩号不超过 K1+900，基底处理宽度 MN 为 52m，桩位布置不超出此范围。其成桩工艺为：

（1）桩管垂直就位，闭合桩靴。

（2）将桩管沉入地基土中达到设计深度。

（3）按设计规定的混合料数量向桩管内投入碎石料。

（4）边振动边拔管，拔管高度 100cm。

（5）边振动边向下压管（沉管），下压高度 30cm。

（6）继续振动 10～20s，停拔时间长短按照规定要求。

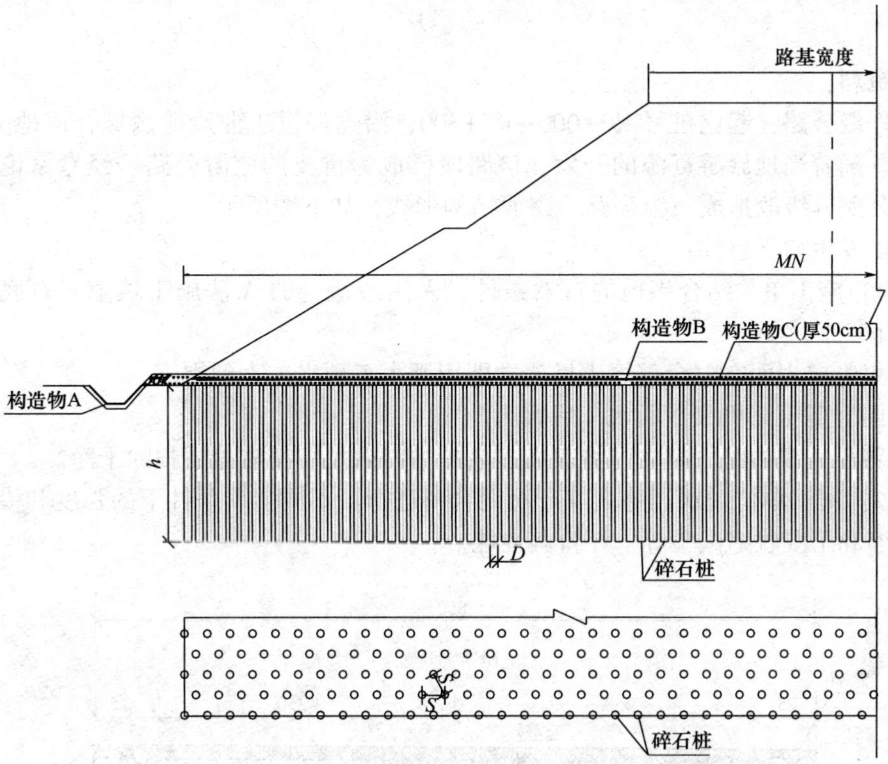

碎石桩布置示意图

（7）重复步骤（3）~（6），直至桩管拔出地面。

路堤填筑过程中，为保证软土地基路堤稳定性，路堤施工期内施工单位连续观测了路堤的沉降等，其填筑速率按路堤中心线地面沉降速率每昼夜不大于 10~15mm 控制。路堤完工且在沉降稳定后，进行路面及边坡防护等施工。

问题：

1. 写出图中构造物 A、B、C 的名称。
2. 计算该路段碎石桩的总根数。(计算过程结果保留小数点后 3 位，最后结果取整)
3. 改正施工方案审批流程中的错误。针对碎石桩施工，施工单位在施工前还应进行何种试验？
4. 写出背景资料中振动沉管法的成桩工艺方法名称。振动沉管法的成桩工艺还有哪两种方法？
5. 为保证软土地基路堤稳定性，路堤填筑时还应采用什么控制标准？

（二）

背景资料：

某等外级公路，起讫桩号 K0+000～K7+300，沿途经过工业废矿区域，该地多雨潮湿，雨量充沛。随着当地旅游资源的开发，该路段已成为重要的旅游公路。经专家论证，确定该等外级公路升级改造成三级公路，路面结构形式，如下图所示。

施工中发生如下事件：

事件 1：施工单位结合当地的自然条件，采用最适合的 A 法施工填隙碎石底基层，部分做法如下：

（1）集料层表面空隙全部填满后，立即用洒水车洒水，直到饱满。

（2）用轻型压路机跟在洒水车后碾压。

（3）碾压完成的路段应立即将表面多余的细料以及细料覆盖层扫除干净。

事件 2：施工单位对水泥稳定煤矸石混合料进行了不同龄期条件下的强度和模量试验以及温度收缩和干湿收缩试验等，评价其性能。

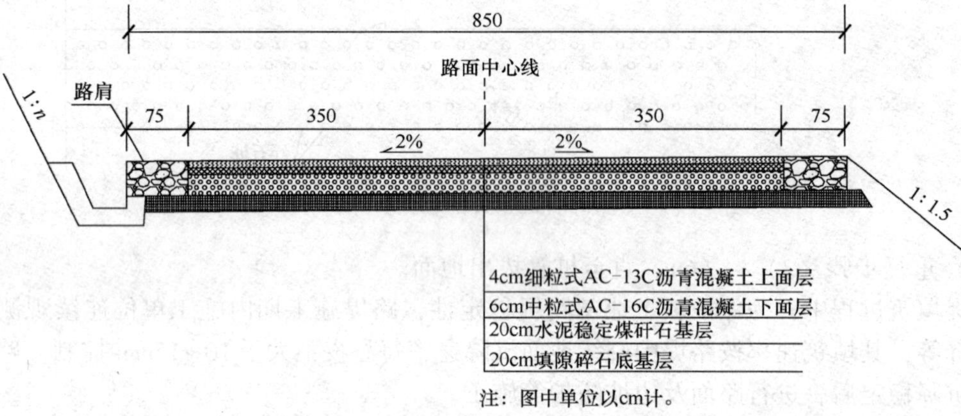

路面结构形式示意图

事件 3：为加快施工进度，施工单位编制施工组织设计时，分析了路面工程各结构层流水参数见下表，决定采用搭接流水方式施工。通过分析各结构层的施工速度，得出前道工序速度快于后道工序速度，以此确定了工序之间的搭接类型。

流水参数与参数类别

流水参数	参数类别
施工段	时间参数
施工过程数	空间参数
组织间歇	工艺参数

事件 4：因该旅游公路不能中断交通，施工单位水泥稳定煤矸石基层施工完成后，不能及时铺筑沥青混凝土面层，在基层上喷洒透油层后，采用层铺法表面处治铺筑了相应的功能层 B。

问题：

1. 写出事件 1 方法 A 的名称，填隙碎石底基层施工还有哪一种方法？
2. 逐条判断事件 1 中填隙碎石底基层施工的做法是否正确？若不正确写出正确做法。
3. 事件 2 中，施工单位在煤矸石使用前，还应做什么处理？
4. 复制上表到答题卡上，对流水参数与各自所属参数类别一一对应连线。
5. 事件 3 中，施工单位确定了哪种搭接类型？
6. 写出事件 4 中功能层 B 的名称，该功能层还可以采用哪种方法施工？

（三）

背景资料：

二级公路某大桥全长857m，桥宽12.5m，桥梁上部结构布置为：4×25mT梁+6×40m T梁+（45m+80m+45m）悬浇连续箱梁+6×40mT梁+4×25mT梁。其中40mT梁桥跨横断面如下图所示。

T梁预制场位于南岸0号桥台一侧的路基上，设有3个25mT梁预制台座与4个40mT梁预制台座。结合本桥结构及地形条件，使用1台运梁平车将T梁从预制场的存梁区移运架梁现场，采用4m双导梁架桥机首先对南岸T梁逐孔架设，待（45m+80m+45m）悬浇连续箱梁施工完毕后逐孔架设北岸各跨T梁。

施工中发生了如下事件：

事件1：T梁预制完成后，采用两台设计起吊能力为125t的龙门吊将T梁吊运至存梁区存放，移梁前对梁体喷涂统一标识，标识内容包括预制时间、施工单位、部位名称。施工单位T梁存放做法如下：

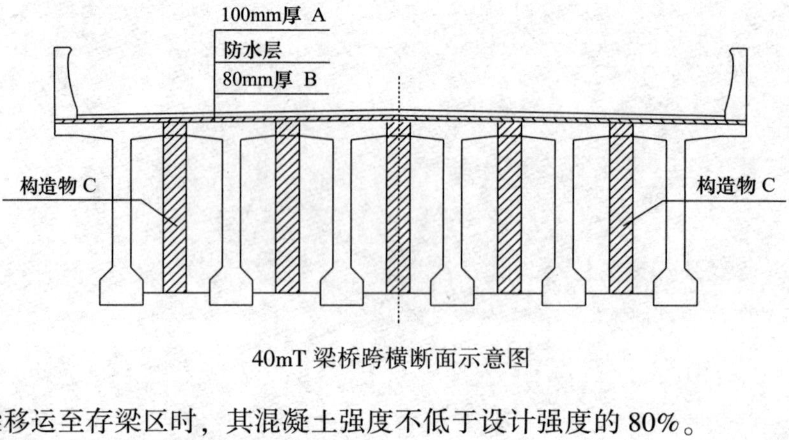

40mT梁桥跨横断面示意图

（1）T梁移运至存梁区时，其混凝土强度不低于设计强度的80%。

（2）T梁叠层存放时不得超过三层。

（3）叠层存放时，下层T梁端部顶面上用加厚钢板支垫。

（4）T梁按吊装次序、方向水平分层叠放，标志向外，并支撑牢固。

事件2：T梁吊装前，在每片梁两端标出竖向中心线，并在盖梁（桥台）顶面上测量放样，放出梁的纵向中心线与每片梁的具体位置。

T梁预制并运输到架设施工现场，采用双导梁架桥机架设的主要施工工序包括：①架桥机及导梁拼装，试吊；②架桥机前移至安装跨，支顶前支架；③安放支座；④落梁，横移到位；⑤运梁喂梁，吊梁、纵移到位；⑥铰缝施工，完成整跨安装；⑦重复各步骤架设下一片梁直至完成整孔梁；⑧架桥机前移至下一跨，直至完成整桥施工。

事件3：施工前，根据《公路工程施工安全技术规范》JTG F90—2015和《公路水运工程安全生产监督管理办法》，施工单位针对本桥梁上部结构施工危险性较大工程编制了25mT梁预制、25mT梁运输与安装、40mT梁预制、40mT梁运输与安装共四个专项施工方案，并按照方案要求进行施工。

问题：

1. 分别计算本大桥需预制 40mT 梁的边梁、中梁的数量。（单位：片）

2. 写出图中结构层 A、B 和构造物 C 的名称。

3. 事件 1 中，补充 T 梁还应喷涂的标识内容。施工单位存梁做法中哪两条是错误的？并改正错误之处。

4. 事件 2 中，补充在墩台面上测量放样的缺项；写出 T 梁双导梁架桥机架设施工工序①~⑧的正确排序。（用序号表示，如：③②④①…）

5. 事件 3 中，哪个专项施工方案需要召开专家论证会进行论证、审查？专家论证会由哪个单位组织召开？

（四）

背景资料：

施工单位承接了某国道的交通安全设施施工项目，起讫桩号 K296+400～K316+600。该工程参照《公路工程标准施工招标文件》签订合同。合同约定：针对变更工程，投标报价中若无适用清单项目，可重新拟定价格；企业管理费和利润均以直接费为计算基数，企业管理费费率为 7%，利润率为 6%；针对小型变更项目，监理工程师有权要求施工单位按计日工施工。

根据施工图设计，中央分隔带护栏为混凝土护栏，采用预制安装施工工艺；K300+210～K300+250 临崖路段路侧护栏为混凝土护栏，其构造形式如下图所示。

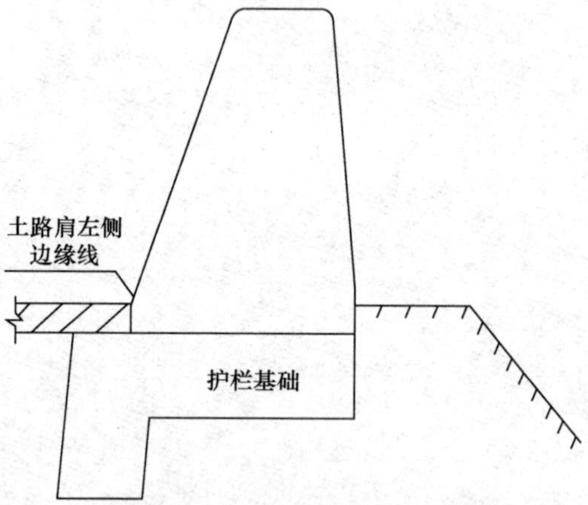

路侧混凝土护栏构造型式示意图

施工中发生如下事件：

事件 1：施工单位在工地附近设置了小型构件预制场，用于混凝土护栏、里程碑等构件的预制。小型构件预制场采用封闭式管理，平面布置图中将场地划分为构件生产区、废料处理区等 4 个主要功能区。

事件 2：混凝土护栏预制、安装时，施工单位采取了如下做法：

（1）混凝土护栏采用了木模板，入模前进行了模板拼缝检查，并选用优质隔离剂，保证混凝土外观。

（2）K298+300～K299+900 中央分隔带混凝土护栏安装时，施工人员同时从两端向中间施工。

（3）在吊装、堆放混凝土护栏过程中，个别混凝土护栏构件的边角出现了破损，护栏安装就位后，施工人员及时采用了 M10 水泥砂浆进行了修补。

事件 3：由于设计变更导致部分已安装完成的混凝土护栏需拆除。经监理工程师现场检查，拆除工作共持续 2 天，每天 1 个施工技术员和 1 个工长现场指挥拆除，20 个工人参与护栏拆除，另有 1 台 1m^3/斗装载机配合 1 辆 8t 自卸汽车运输，每日工作 10h（不含午餐午休时间）。以上拆除工作所增加费用，监理工程师要求施工单位按计日工清单结算。合同中部分计日工劳务和计日工施工机械清单报价见下表。

计日工劳务和计日工施工机械清单报价表

编号	子目名称	单位	暂定数量	单价（元）	合价（元）
101	班长	工日	30	170	5100
102	普通工	工日	200	150	30000
103	混凝土工	工日	50	160	8000
104	钢筋工	工日	50	160	8000
105	木工	工日	50	160	8000
…	…				
301	装载机				
301-1	1.5m^3 以下	台班	30	900	27000
301-2	1.5~2.5m^3	台班	30	1100	33000
302	自卸汽车				
302-1	6t 以下	台班	50	900	45000
302-2	10t 以下	台班	50	1000	50000
…	…				

问题：

1. 图中，混凝土护栏按构造划分属于什么类型？混凝土护栏的基础为哪种方式？

2. 写出事件 1 中小型构件预制场内另外 2 个功能区的名称。

3. 逐条判断事件 2 中施工单位的做法是否正确？若不正确写出正确做法。

4. 事件 3 中，施工单位可计量计日工劳务多少个工日？计日工装载机和自卸汽车各多少个台班？计日工劳务费和计日工施工机械费分别为多少元？（计算结果保留小数点后 1 位）

2020 年度真题参考答案及解析

一、单项选择题

1. D;	2. A;	3. C;	4. C;	5. B;
6. C;	7. B;	8. D;	9. D;	10. C;
11. D;	12. D;	13. C;	14. B;	15. B;
16. B;	17. C;	18. D;	19. B;	20. A。

【解析】

1. D。本题考核的是路堤地基隔离墙。水泥搅拌桩防渗型或支挡型隔离墙宜采用浆喷桩。

2. A。本题考核的是控制桩布设。大桥、特大桥的主要控制桩（或其护桩）均应测定其坐标、相互间的距离、角度、高程等，以免弄错和方便于寻找。

3. C。本题考核的是高填方路基沉降的原因。高填方路基沉降的原因有：

（1）按一般路堤设计，没有验算路堤稳定性、地基承载力和沉降量。

（2）地基处理不彻底，压实度达不到要求，或地基承载力不够。

（3）高填方路堤两侧超填宽度不够。

（4）工程地质不良，且未作地基孔隙水压力观察。

（5）路堤受水浸泡部分边坡陡，填料土质差。

（6）路堤填料不符合规定，随意增大填筑层厚度，压实不均匀，且达不到规定要求。

（7）路堤固结沉降。

4. C。本题考核的是改性沥青。改性沥青的剂量以改性剂占改性沥青总量的百分数计算，胶乳改性沥青的剂量应以扣除水以后的固体物含量计算。

5. B。本题考核的是水泥混凝土路面的施工。每车道路面应配备 1 根滚杠（双车道两根）。振动梁振实后，应拖动滚杠往返 2~3 遍提浆整平。

6. C。本题考核的是无侧限抗压强度试验检测。测定无机结合料稳定土（包括稳定细粒土、中粒土和粗粒土）试件的无侧限抗压强度，试件都是高：直径=1：1 的圆柱体。细粒土（最大粒径不超过 10mm）：试模的直径×高=50mm×50mm。中粒土（最大粒径不超过 25mm）：试模的直径×高=100mm×100mm。粗粒土（最大粒径不超过 40mm）：试模的直径×高=150mm×150mm。

7. B。本题考核的是埋设护筒的作用。埋设护筒：护筒能稳定孔壁、防止塌孔，还有隔离地表水、保护孔口地面、固定桩孔位置和起钻头导向作用等。

8. D。本题考核的是先张法预应力筋张拉程序。设计无规定时，先张法预应力筋张拉程序见下表。

先张法预应力筋张拉程序表

预应力筋种类		张拉程序
钢丝、钢绞线	夹片式等具有自锚性能的锚具	普通松弛力筋 0→初应力→1.03σ_{con}（锚固） 低松弛力筋：0→初应力→σ_{con}（持荷 5min 锚固）
	其他锚具	0→初应力÷1.05σ_{con}（持荷 5min）→0→σ_{con}（锚固）
热轧带肋钢筋		0→初应力→1.05σ_{con}（持荷 5min）→0.9σ_{con}→σ_{con}（锚固）

9. D。本题考核的是预制梁块悬臂拼装时应注意的要点。胶粘剂宜采用机械拌合，且在使用过程中应连续搅拌并保持其均匀性，胶粘剂应涂抹均匀，覆盖整个匹配面，涂抹厚度不宜超过 3mm。对胶接缝施加临时预应力进行挤压时，挤压力宜为 0.2MPa。胶粘剂应在梁体的全断面挤出，且胶接缝的挤压应在 3h 以内完成。

10. C。本题考核的是仰拱和底板施工。仰拱混凝土超前拱墙混凝土施工的超前距离，宜保持 3 倍以上衬砌循环作业长度。仰拱施工宜整断面一次成型，不宜左右半幅分次浇筑。仰拱以上的混凝土或片石混凝土应在仰拱混凝土达到设计强度的 70%后施工。仰拱和底板混凝土强度达到设计强度 100%后方可允许车辆通行。

11. D。本题考核的是隧道水害的原因分析。隧道穿过含水层的地层：

（1）砂类土和漂卵石类土含水地层。

（2）穿过节理、裂隙发育、含裂隙水的岩层。

（3）石灰岩、白云岩等可溶性岩的地层，当有充水的溶槽、溶洞或暗河等与隧道相连通时。

（4）浅埋隧道地段，地表水可沿覆盖层的裂隙、孔洞渗透到隧道内。

12. D。本题考核的是隧道照明控制系统的功能。设置隧道照明系统能避免隧道黑洞效应，使驾驶员适应隧道内外的亮度差，保证行车安全。

13. C。本题考核的是公路施工过程基本组织方法。流水作业法可以科学地利用工作面，实现不同专业作业队之间的平行施工。

14. B。本题考核的是工地试验室设备管理。仪器设备应实施标识管理，分为管理状态标识和使用状态标识。使用状态标识分为“合格”“准用”“停用”三种，分别用“绿”“黄”“红”三色标签进行标识。

15. B。本题考核的是质量检验评定。关键项目的合格率不得低于 95%（机电工程为 100%）；有规定极值的检查项目，任一单个检测值不应突破规定极值，否则该检查项目为不合格；一般项目，合格率应不低于 80%。

16. B。本题考核的是高处作业安全管理措施。严禁安全绳用作悬吊绳，故 A 选项错误。高处作业人员应定期进行体检，故 B 选项正确。作业面与水平安全网之间的高差不得超过 3.0m，故 C 选项错误。安全绳有效长度不应大于 2m，故 D 选项错误。

17. C。本题考核的是措施费。措施费是指直接费以外施工过程中发生的直接用于工程的费用。其内容包括冬期施工增加费、雨期施工增加费、夜间施工增加费、特殊地区施工增加费、行车干扰工程施工增加费、施工辅助费、工地转移费等内容。

18. D。本题考核的是振动压路机的应用范围。振动压路机应用范围见下表。

振动压路机应用范围表

质量和形式	块石	砂砾石		粉土、粉质土、冰碴土		黏土	
		优良级配	均匀粒级	粉质砂粉质砾石冰碴土	粉土砂质粉土	低、中强度黏粉土	高强度黏土
5~10t 光轮	△	●	●	●	△	△	△
10~15t 光轮	●	●	●	●	△	△	△
振动凸块式			△	△	●	●	●
振动羊足式			△	△	△	●	●

19. B。本题考核的是公路工程施工招标投标管理相关规定。施工图设计文件批准后，方可开展施工招标，故 A 选项错误。采用资格后审方式进行招标的，投标文件应当以双信封形式密封，故 B 选项正确。招标人可以自行决定是否编制标底或者设置最高投标限价。招标人不得规定最低投标限价，故 C 选项错误。评标委员会对投标文件进行评审后，因有效投标不足 3 个使得投标明显缺乏竞争的，可以否决全部投标。未否决全部投标的，评标委员会应当在评标报告中阐明理由并推荐中标候选人。注意 D 选项强调的是“必须”故表述错误。

20. A。本题考核的是公路工程质量事故的等级划分。一般质量事故，是指造成直接经济损失 100 万元以上 1000 万元以下，或者除高速公路以外的公路项目中桥或大桥主体结构垮塌、中隧道或长隧道结构坍塌，或者小型水运工程主体结构垮塌、报废的事故。

二、多项选择题

21. B、C、D；　22. A、B、C；　23. A、B、C、E；
24. B、C、D、E；　25. C、D；　26. A、C、D、E；
27. A、B、C、E；　28. B、D、E；　29. B、D；
30. A、B、D、E。

【解析】

21. B、C、D。本题考核的是常用爆破方法。微差爆破的优点是：可减震 1/3~2/3 左右；前发药包为后发药包开创了临空面，从而加强了岩石的破碎效果；降低多排孔一次爆破的堆积高度，有利于挖掘机作业；由于逐发或逐排依次爆破，减少了岩石夹制力，可节省炸药 20%，并可增大孔距，提高每米钻孔的炸落方量，故 B、C、D 选项正确。A 选项属于光面爆破的特点，E 选项属于定向爆破的特点。

22. A、B、C。本题考核的是柱板式锚杆挡土墙。柱板式锚杆挡土墙由挡土板、肋柱和锚杆组成。

23. A、B、C、E。本题考核的是提高水泥稳定碎石材料强度的方法。对一般工程可选择不少于 3 档备料，对极重、特重交通荷载等级且强度要求较高时，为了保证级配的稳定，宜选择不少于 4 档备料，故 B 选项正确。适当增加水泥用量可以提高水泥稳定碎石材料强度。

24. B、C、D、E。本题考核的是滑升模板浇筑桥墩混凝土的规定。采用滑升模板浇筑桥墩混凝土时，应符合下列规定：

（1）宜采用低流动度或半干硬性混凝土。

（2）浇筑应分层分段进行。

（3）应采用插入式振动器振捣。

（4）为加快模板提升时间，可掺入一定数量的早强剂等规定。

25. C、D。本题考核的是公路隧道主要开挖方式及适用范围。中隔壁法（CD 法）或交叉中隔壁法（CRD 法）适用于围岩较差、跨度大、浅埋、地表沉降需要控制的场合。

26. A、C、D、E。本题考核的是防撞设施的作用。防撞设施主要包括护栏、防撞筒等。护栏的主要作用是防止失控车辆越过中央分隔带或在路侧比较危险的路段冲出路基，不致发生二次事故。同时，还具有吸收能量，减轻事故车辆及人员的损伤程度，以及诱导视线的作用。轮廓标和突起路标也当选。

27. A、B、C、E。本题考核的是公路工程施工测量管理。水准点加密时，沿路线每 500m 宜有一个水准点，故 D 选项错误。

28. B、D、E。本题考核的是分包合同管理。监理人只与承包人有监理和被监理的关系，对分包人在现场施工不承担协调管理义务，故 A 选项错误。监理人就分包工程施工发布的任何指示均应发给承包人，故 C 选项错误。

29. B、D。本题考核的是项目部驻地建设。自建房屋最低标准为活动板房，建设宜选用阻燃材料，搭建不宜超过两层，故 A 选项错误。生活污水排放应进行规划设计，设置多级沉淀池，故 C 选项错误。E 选项的正确表述应为：离集中爆破区 500m 以外。

30. A、B、D、E。本题考核的是施工单位项目负责人对项目安全生产工作负有的职责。施工单位项目负责人对项目安全生产工作负有下列职责：

（1）建立项目安全生产责任制，实施相应的考核与奖惩。

（2）按规定配足项目专职安全生产管理人员。

（3）结合项目特点，组织制定项目安全生产规章制度和操作规程。

（4）组织制定项目安全生产教育和培训计划。

（5）督促项目安全生产费用的规范使用。

（6）依据风险评估结论，完善施工组织设计和专项施工方案。

（7）建立安全预防控制体系和隐患排查治理体系，督促、检查项目安全生产工作确认重大事故隐患整改情况。

（8）组织制定本合同段施工专项应急预案和现场处置方案，并定期组织演练。

（9）及时、如实报告生产安全事故并组织自救。

三、实务操作和案例分析题

（一）

1. A：边沟或排水沟。B：土工格栅。C：级配碎石垫层（碎石垫层）。

2. 排间距：$1.3\times\cos 30° = 1.126$m。

第一排（单排）桩的根数：$52/1.3+1=41$ 根。

第二排（双排）桩的根数：$(52-0.65)/1.3+1=40$ 根。

总排数：$300/1.126+1=266+1=267$ 排。

总根数：$134\times41+133\times40=5494+5320=10814$ 根。

3. 施工方案审批流程中的错误改正如下：

将“项目经理审批后用于指导施工”改正为“项目总工程师审批后用于指导施工”。

碎石桩施工前施工单位还应进行成桩工艺试验。

4. 振动沉管法的成桩工艺方法名称：重复压管成桩法。

振动沉管法的成桩工艺还有：一次拔管成桩法和逐步拔管成桩法。

5. 软土地区路堤施工期间宜按坡脚水平位移速率每昼夜不大于 5mm 控制路堤稳定性。

（二）

1. A 的名称：湿法。填隙碎石底基层施工方法还有干法施工。

2. 事件 1 中填隙碎石底基层施工的做法正确与否判断如下：

（1）正确。

（2）不正确。正确做法：宜用重型压路机跟在洒水车后碾压。

（3）不正确。正确做法：碾压完成的路段应让水分蒸发一段时间，结构层变干后，将表面多余的细料以及细料覆盖层扫除干净。

3. 煤矸石在使用前还应崩解稳定。

4. 流水参数与参数类别对应连线见下表。

流水参数与参数类别

流水参数	参数类别
施工段	时间参数
施工过程数	空间参数
组织间歇	工艺参数

5. 确定的是开始到开始（*STS*）搭接类型。

6. 功能层 B 的名称：下封层（或封层）。

封层还可采用稀浆封层法施工。

（三）

1. 40mT 梁的边梁数量为：2×6×2＝24 片；中梁数量为：4×6×2＝48 片。

2. 结构层 A：沥青混凝土（水泥混凝土）桥面铺装。结构层 B：钢筋混凝土现浇调平层。构造物 C：横隔板湿接缝。

3. T 梁还应喷涂的标识内容包括：张拉时间、梁体编号。

施工单位存梁做法中（2）、（3）错误。

存梁做法中（2）的正确做法：T 梁叠层存放时不得超过 2 层。

存梁做法中（3）的正确做法：当构件多层叠放时，层与层之间应以垫木隔开。支垫材质应采用承载力足够的非刚性材料。

4. 墩台面上测量放样的缺项包括：支座纵横中心线、梁板端位置横线。

双导梁架桥机架设施工工序：①→②→⑤→④→③→⑦→⑥→⑧。

5. 事件 3 中需要召开专家论证会进行论证、审查的施工方案：40mT 梁的运输与安装。

专家论证会由施工单位组织召开。

（四）

1. 混凝土护栏按构造划分属于单坡型混凝土护栏。

混凝土护栏的基础为座椅式。

2. 事件1中小型构件预制场内另外2个功能区为：存放区、养护区。

3. 事件2中施工单位的做法是否正确，判断如下：

（1）不正确。错误之处：混凝土护栏采用了木模板。

正确做法：预制混凝土护栏块使用的模板，应采用钢模板。

（2）不正确。错误之处：施工人员同时从两端向中间施工。

正确做法：混凝土护栏的安装应从一端逐步向前推进。

（3）不正确。错误之处：采用了M10水泥砂浆进行了修补。

正确做法：个别混凝土护栏构件的边角出现了破碎，应在安装就位后，采用高于混凝土护栏强度的材料及时修补。

4. 施工单位可计量计日工劳务：

计日工劳务：20×10×2/8＝50工日。

计日工装载机台班：1×10×2/8＝2.5台班。

计日工自卸汽车台班：1×10×2/8＝2.5台班。

计日工劳务费：50×150＝7500元。

计日工施工机械费：2.5×900+2.5×1000＝4750元。

2019年度全国二级建造师执业资格考试

《公路工程管理与实务》

真题及解析

2019年度《公路工程管理与实务》真题

一、单项选择题（共20题，每题1分。每题的备选项中，只有1个最符合题意）

1. 路基填土高度小于路面和路床总厚度，对土质路堤地基表层处理时，如对地基表层土进行超挖，分层回填压实，其处理深度不应小于（　　）。

A. 重型汽车荷载作用的工作区深度　　B. 路床总厚度

C. 路面和路床总厚度　　D. 天然地下水位深度

2. 关于支撑渗沟施工的说法，错误的是（　　）。

A. 支撑渗沟应分段间隔开挖

B. 支撑渗沟侧壁宜设封闭层

C. 支撑渗沟的基底宜埋入滑动面以下至少500mm

D. 支撑渗沟的出水口宜设置端墙

3. 土工膜袋护坡的侧翼宜设（　　）。

A. 护脚棱体　　B. 压袋沟

C. 排水管　　D. 边界处理沟

4. 关于填隙碎石基层施工技术要求的说法，错误的是（　　）。

A. 填隙碎石层上为薄沥青面层时，碾压后宜使集料的棱角外露3~5mm

B. 填隙料应干燥

C. 宜采用胶轮压路机静压，碾压后，表面集料间应留有空隙

D. 填隙碎石基层未洒透层沥青或未铺封层时，不得开放交通

5. 无机结合料稳定土的无侧限抗压强度试验的试件为（　　）。

A. 100mm×100mm×100mm的立方体　　B. 高：直径=1：1的圆柱体

C. 高：直径=2：1的圆柱体　　D. 150mm×150mm×150mm的立方体

6. 桥梁施工模板吊环设计计算拉应力应（　　）50MPa。

A. 不大于　　B. 不小于

C. 大于　　D. 等于

7. 泵送混凝土中不适合采用的外掺剂或掺合料是（　　）。

A. 减水剂　　B. 速凝剂

C. 粉煤灰　　D. 活性矿物掺合料

8. 钻孔灌注桩施工需埋设护筒，不属于护筒作用的是（　　）。

A. 稳定孔壁　　B. 钻头导向

C. 隔离地表水　　D. 增强桩身强度

9. 隧道围岩分级一般采用两步分级的综合评判方法，其初步分级考虑的基本因素是（　　）。

A. 岩石的坚硬程度和地下水　　B. 岩体的完整程度和初始应力

C. 岩石的坚硬程度和岩体的完整程度　　D. 岩体的完整程度和地下水

10. 隧道爆破掘进的炮眼有：①掏槽眼；②辅助眼；③周边眼。预裂爆破正确的起爆顺序是（　　）。

A. ①②③　　　　B. ③②①

C. ③①②　　　　D. ①③②

11. 关于标线施工技术要求的说法，错误的是（　　）。

A. 标线工程正式开工前，应进行标线车自动行驶试验

B. 在正式划标线前，应保证路面表面清洁干燥

C. 应根据设计图纸进行放样

D. 通过划线机的行驶速度控制标线厚度

12. 公路工程施工项目经理部是代表施工企业履行工程承包合同的主体，是最终产品质量责任的承担者，要代表企业对（　　）全面负责。

A. 监理单位　　　　B. 业主

C. 质量监督机构　　　　D. 交通运输主管部门

13. 公路工程施工项目经理部组织结构模式一般有四种，即直线式、职能式、矩阵式和（　　）。

A. 直线职能式　　　　B. 顶层设计式

C. 代建制式　　　　D. 联合组建式

14. 超过一定规模的危险性较大的分部分项工程专项方案应当由（　　）组织召开专家论证会。

A. 业主　　　　B. 设计单位

C. 施工单位　　　　D. 监理单位

15. 根据《公路工程标准施工招标文件》，除项目专用合同条款另有约定外，以下各项中解释合同文件优先的是（　　）。

A. 图纸　　　　B. 已标价工程量清单

C. 技术规范　　　　D. 工程量清单计量规则

16. 施工企业编制公路项目施工成本计划的关键是（　　）。

A. 优化施工方案，确定计划工程量

B. 计算计划成本总降低额和降低率，确定责任目标成本

C. 依据市场生产要素价格信息，确定施工预算成本

D. 施工预算成本与责任目标成本比较，确定计划成本偏差

17. 贝雷便桥架设常用悬臂推出法，推出时倾覆稳定系数应不小于（　　）。

A. 1.2　　　　B. 1.3　　　　C. 1.5　　　　D. 2.0

18. 稳定土拌合设备按生产能力分为小型、中型、大型和特大型四种，大型稳定土拌合设备的生产能力是（　　）t/h。

A. 200~300　　　　B. 200~400

C. 400~500　　　　D. 400~600

19. 根据《公路建设市场管理办法》，收费公路建设项目法人和项目建设管理单位进入公路市场实行（　　）。

A. 审批制度　　　　B. 核准制度

C. 备案制度　　　　D. 注册制度

20. 根据《公路竣（交）工验收办法实施细则》，不能作为竣工验收委员会成员的是（　　）。

A. 交通运输主管部门代表　　B. 质量监督机构代表

C. 造价管理机构代表　　D. 设计单位代表

二、多项选择题（共10题，每题2分。每题的备选项中，有2个或2个以上符合题意，至少有1个错项。错选，本题不得分；少选，所选的每个选项得0.5分）

21. 处理软土地基的加固土桩有（　　）。

A. 粉喷桩　　B. 水泥粉煤灰碎石桩

C. 二灰碎石桩　　D. 钻孔灌注桩

E. 浆喷桩

22. 液体石油沥青可适用于（　　）。

A. 热拌沥青混合料　　B. 透层

C. SMA混合料　　D. 粘层

E. 冷拌沥青混合料

23. 为便于支架拆卸，选用落模设备考虑的主要因素有（　　）。

A. 施工队伍资质　　B. 支架结构形式

C. 需要的卸落量　　D. 施工季节

E. 承受的荷载大小

24. 根据《公路隧道设计规范 第二册 交通工程与附属设施》JTG D7012—2014，分离式独立双洞隧道的最小净距的确定，应考虑的因素有（　　）。

A. 隧道的埋深　　B. 公路等级

C. 围岩级别　　D. 隧道开挖断面的宽度

E. 隧道开挖断面的高度

25. 护栏的主要作用是防止失控车辆越过中央分隔带，或在路侧比较危险的路段冲出路基，不致发生二次事故。护栏还具有的作用有（　　）。

A. 指示　　B. 吸收能量

C. 标识公路用地界限　　D. 减轻事故车辆及人员的损伤程度

E. 诱导视线

26. 公路施工过程基本组织方法除流水作业法外，还有（　　）。

A. 矩阵作业法　　B. 时差作业法

C. 班组作业法　　D. 平行作业法

E. 顺序作业法

27. 钻孔灌注桩的质量控制关键点有（　　）。

A. 护筒埋深　　B. 孔径控制

C. 基底表面松散层清理　　D. 桩顶、桩底标高控制

E. 钢筋笼接头质量

28. 下列各项费用中，需计入投标报价的有（　　）。

A. 第三方责任险　　B. 计日工费用

C. 材料暂估价　　D. 暂列金额

E. 青苗补偿费

29. 计算沥青混合料摊铺机生产率时，应考虑的参数有（　　）。

A. 铺层厚　　B. 摊铺带宽　　C. 材料运输速度　　D. 沥青混合料密度

E. 时间利用系数

30. 根据《公路工程建设项目招标投标管理办法》，关于招标投标的说法，错误的有（　　）。

A. 初步设计文件批准后，方可开展施工监理招标

B. 已选定的特许经营项目投资人依法能够自行施工时，可以不进行招标

C. 招标人可设置最低投标限价和最高投标限价

D. 公路工程勘察设计招标不宜采用综合评估法进行评标

E. 招标人以分包的工作量规模作为否决投标的条件，属于对分包的歧视性条款

三、实务操作和案例分析题（共4题，每题20分）

（一）

背景资料：

某施工单位承建了一段二级公路的路基工程，路基宽度12m。其中K1+600～K3+050为填方路堤，路段填方需从取土场借方；K1+600～K2+300填方平均高度为1.6m，设计填方数量16200m³；K2+300～K3+050填方平均高度为2.1m，设计填方数量24000m³。

施工单位在工程项目开工前，对施工图设计文件进行了复查和现场核对，补充了必要的现场调查资料，发现该路段原地面下有50cm厚淤泥，设计文件中未进行处理，施工单位在施工图会审中提出处理意见后，经监理工程师和设计代表同意，按路堤坡脚每侧扩宽1m采用抛石挤淤的方法进行处理，抛石方量14193m³，要求采用粒径较大的未风化石料进行抛填。施工单位根据现场情况，确定了取土场位置，并拟定了新建施工便道A、B两个方案，施工便道A方案长度1420m，施工便道B方案长度1310m，最终确定采用A方案，取土场位置平面示意图如下图所示。施工过程中，路堤填筑两侧均加宽超填30cm。

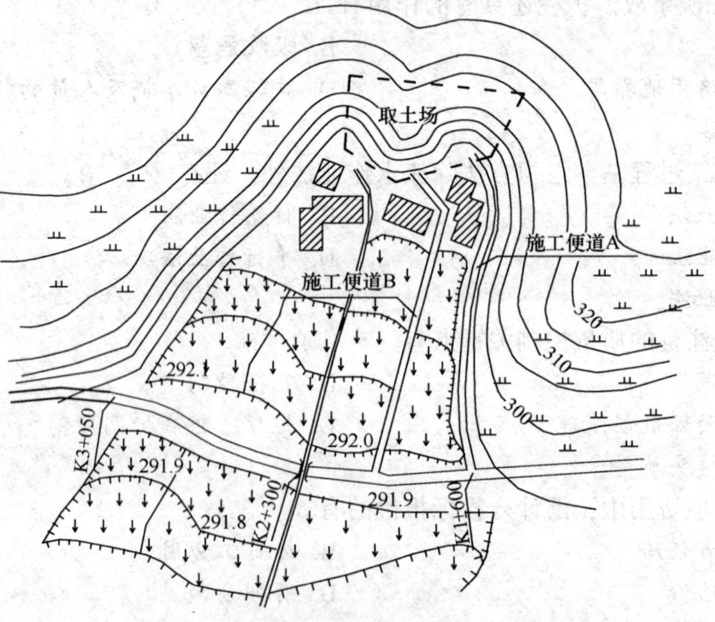

取土场位置平面示意图

问题：

1. 计算 K1+600～K3+050 路段设计填方量的平均运距。（单位：m，计算结果保留到小数点后两位）

2. 根据《公路路基施工技术规范》JTG F10—2006，K1+600～K3+050 路段是否需要进行路堤试验路段施工？说明理由。

3. 说明施工单位确定采用施工便道 A 方案的理由。

4. 路堤填筑时，两侧加宽超填 30cm 的主要作用有哪些？对抛石挤淤的材料还有什么要求？该路段软基处理还可以采用什么方法？

5. 计算 K1+600～K3+050 路段加宽超填土方量，并按《公路工程标准施工招标文件》中工程量清单计量规则，计算该路段业主需计量支付的路堤填土方量。（单位：m^3，计算结果保留整数）

（二）

背景资料：

某三级公路，起讫桩号为 K0+000～K4+300，双向两车道，路面结构形式为水泥混凝土路面。由于当地经济的发展，该路段已成为重要集散公路，路面混凝土出现脱空、错台、局部网状开裂等病害，对该段公路需进行路面改造。具有相应检测资质的检测单位采用探地雷达、弯沉仪对水泥混凝土板的脱空和结构层的均匀情况、路面承载能力进行了检测评估，设计单位根据检测评估结果对该路段进行路面改造方案设计。经专家会讨论，改造路面采用原水泥混凝土路面进行处治后加铺沥青混凝土面层的路面结构形式，如下图所示。

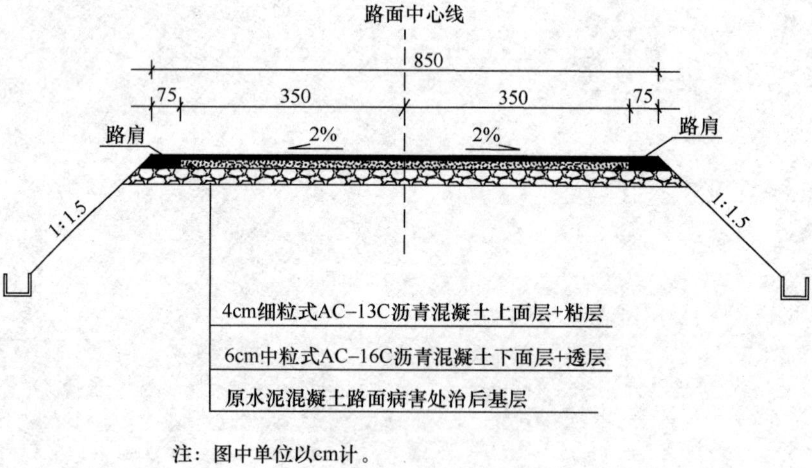

沥青混凝土路面结构示意图

施工中发生如下事件：

事件 1：该改造路段中的 K2+000～K3+200 经过人口密集的村庄，设计方案在此路段设置隔离栅，建议施工单位隔离栅宜在 A 工程完成后尽早实施。

事件 2：施工单位对原水泥混凝土路面板块脱空的病害采用钻孔然后用水泥浆高压灌注处理的方案，具体的工艺包括：①钻孔；②制浆；③定位；④交通控制；⑤灌浆；⑥B；⑦灌浆孔封堵。

事件 3：施工单位对发生错台或板块网状开裂的原混凝土路面，将病害范围的整个板全部凿除，重新夯实路基及基层，对换板部位基层顶面进行清理维护，换板部分基层调平采用碎石，再浇筑同强度等级混凝土。

事件 4：施工单位对板块脱空病害进行压浆处理，强度达到要求后，复测压浆板四角的弯沉值，实测弯沉值在 0.10～0.18mm。

事件 5：施工单位对原水泥混凝土路面病害处治完成并检查合格后，按试验段摊铺获取的数据铺筑沥青混凝土面层，对于沥青混合料的生产，每日应做 C 试验和 D 试验。

问题：

1. 写出事件 1 中 A 的名称。说明设置隔离栅的主要作用。

2. 写出事件 2 中工艺 B 的内容，并对路面处治的工艺流程进行最优排序。

3. 改正事件 3 中的错误之处。

4. 事件 4 中施工单位复测压浆板四角的弯沉值后，可否判断板块不再脱空？说明理由。

5. 写出事件 5 中 C 试验、D 试验的名称。

（三）

背景资料：

施工单位承建了某大桥工程，该大桥桥址位于两山体之间谷地，跨越一小河流，河流枯水期水深0.5m左右，丰水期水深2m左右，地面以下地层依次为黏土、砂砾、强风化砂岩。该桥基础原设计为40根钻孔灌注桩，桩长12.0~13.8m不等。施工中发生如下事件：

事件1：大桥基础施工时，恰逢河流枯水期且大旱无水。施工单位考虑现场施工条件、环保、工期等因素影响，提请将原设计大桥基础钻孔灌注桩全部变更为人工挖孔桩。监理单位与相关部门评估、审定，认为该变更属于对工程造价影响较大的重要工程变更，在履行相关审批程序后，下达了工程变更令。

事件2：开工前，施工单位编制了人工挖孔桩专项施工方案，为保证施工安全，人工挖孔桩施工采用分节现浇C25混凝土护壁支护，每节护壁高度为1m，桩孔混凝土护壁形式及结构如下图所示。挖孔施工过程中，发现地层中有甲烷、一氧化碳等气体，施工单位重新修订了专项施工方案。

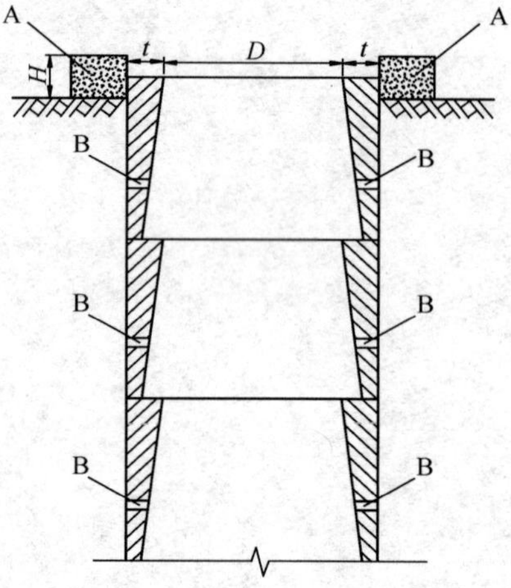

混凝土护壁形式及结构示意图

事件3：桩基础人工挖孔施工中，施工单位采取了如下做法：

（1）挖孔作业时，至少每2h检测一次有毒有害气体及含氧量，保持通风；孔深大于10m时，必须采取机械强制通风措施；

（2）桩孔内设有带罩防水灯泡照明，电压为220V；

（3）桩孔每开挖2m深度浇筑混凝土护壁。

问题：

1. 事件1中，监理工程师下达工程变更令之前，需履行哪两个审批程序？

2. 图中，混凝土护壁形式属于外齿式还是内齿式？写出构造物A的名称。说明混凝土护壁节段中设置的管孔B的主要作用。

3. 根据《公路工程施工安全技术规范》JTG F90—2015，图中标注的D与H的范围是如何规定的？事件2中，为防止施工人员发生中毒窒息事故，挖孔施工现场应配备哪些主要的设备、仪器？

4. 事件3中，逐条判断施工单位的做法是否正确？若错误，予以改正。

5. 该大桥挖孔桩修订后的专项施工方案是否需要专家论证审查？说明理由。

（四）

背景资料：

某二级公路的一座隧道，根据施工图设计，起讫桩号 K101+109~K101+404，长度 295m，其中，明洞 10m，Ⅵ级围岩 203m，Ⅴ级围岩 82m。根据隧道的围岩级别、地质情况和监控量测单位提供的数据，结合施工现场的实际情况，施工单位决定在该隧道中采用如下图所示的工序进行开挖和支护，施工时从进口往出口方向掘进。

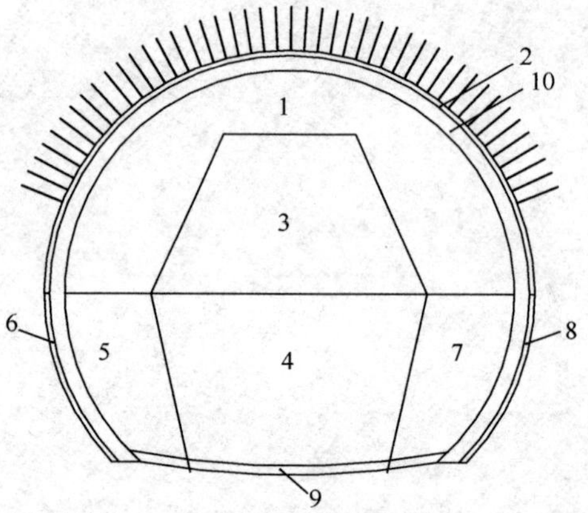

施工工序示意图

图中 1~10 代表开挖或支护的施工工序，开挖时每循环开挖长度为 2m，开挖至 K101+259 时，仰拱与掌子面的距离为 60m。施工过程中，在 K101+244~K101+249 处发生了塌方。事故发生后，现场有关人员立即向本单位负责人报告，单位负责人接到报告后，在规定时间内向当地县级人民政府应急管理部门报告，并按规定妥善处理。事故造成直接经济损失 120 万元，没有造成人员伤亡。

问题：

1. 图中所示的隧道开挖方式是什么？该隧道采用这种开挖方式是否合理？说明理由。

2. 写出图中施工工序 1、2、3、5、6、9、10 的名称。

3. 指出开挖过程中施工单位的不妥之处或错误做法，并改正。

4. 事故发生后，单位负责人接到现场人员的报告后应在多长时间内向当地县级人民政府应急管理部门报告？

2019年度真题参考答案及解析

一、单项选择题

1. A；	2. B；	3. B；	4. C；	5. B；
6. A；	7. B；	8. D；	9. C；	10. C；
11. A；	12. B；	13. A；	14. C；	15. D；
16. B；	17. A；	18. D；	19. C；	20. D。

【解析】

1. A。本题考核的是土质路堤地基表层处理要求。路基填土高度小于路面和路床总厚度时，基底应按设计要求处理。如对地基表层土进行超挖、分层回填压实，其处理深度不应小于重型汽车荷载作用的工作区深度。

2. B。本题考核的是路基地下水排水设施的施工要点。渗沟侧壁及顶面宜设反滤层，并非设置封闭层，故B选项错误。

3. B。本题考核的是土工膜袋防护施工。膜袋护坡的侧翼宜设压袋沟。

4. C。本题考核的是填隙碎石施工技术要求。C选项的正确表述应为：宜采用振动压路机碾压，碾压后，表面集料间的空隙应填满，但表面应看得见集料。

5. B。本题考核的是无侧限抗压强度试验检测。适用于测定无机结合料稳定土（包括稳定细粒土、中粒土和粗粒土）试件的无侧限抗压强度，有室内配合比设计试验及现场检测，本试验包括：按照预定的干密度用静力压实法制备试件以及用锤击法制备试件，试件都是高：直径=1：1的圆柱体。

6. A。本题考核的是常用模板设计的一般要求。在模板上设置的吊环，严禁采用冷加工钢筋制作，且吊环的计算拉应力应不大于50MPa。

7. B。本题考核的是泵送混凝土的外掺剂和掺合料。宜掺用可降低混凝土早期水化热的外加剂和掺合料，外加剂宜采用缓凝剂、减水剂；掺合料宜采用粉煤灰、矿渣粉等。

8. D。本题考核的是钻孔灌注桩施工埋设护筒的作用。护筒能稳定孔壁、防止塌孔，还有隔离地表水、保护孔口地面、固定桩孔位置和起到钻头导向作用等。

9. C。本题考核的是围岩分级的判定方法。隧道围岩分级的综合评判方法宜采用两步分级。围岩分级中的两个基本因素为岩石坚硬程度、岩体完整程度。

10. C。本题考核的是预裂爆破的起爆顺序。预裂爆破原理与光面爆破原理相同。光面爆破是先引爆掏槽眼，接着引爆辅助眼，最后才引爆周边眼；而预裂爆破则是首先引爆周边眼，使沿周边眼的连心线炸出平顺的预裂面，由于预裂面的存在，对后爆的掏槽眼和辅助眼的爆炸波能起反射和缓冲作用。

11. A。本题考核的是标线施工技术要求。在标线工程正式开工前，应进行实地试划试验，故A选项错误。

12. B。本题考核的是公路工程施工项目经理部的功能。公路工程施工项目经理部是代表施工企业履行工程承包合同的主体，是最终产品质量责任的承担者，要代表企业对业主全面负责。

13. A。本题考核的是公路工程施工项目经理部的组织结构模式。公路工程施工项目经理部的组织结构模式一般有四种，即直线式、职能式、直线职能式、矩阵式。

14. C。本题考核的是专家论证。对于超过一定规模的危险性较大的分部分项工程专项方案应当由施工单位组织专家论证会。

15. D。本题考核的是合同文件的优先顺序。除项目专用合同条款另有约定外，解释合同文件的优先顺序如下：

（1）合同协议书及各种合同附件（含评标期间和合同谈判过程中的澄清文件和补充资料）；

（2）中标通知书；

（3）投标函及投标函附录；

（4）项目专用合同条款；

（5）公路工程专用合同条款；

（6）通用合同条款；

（7）工程量清单计量规则；

（8）技术规范；

（9）图纸；

（10）已标价工程量清单；

（11）承包人有关人员、设备投入的承诺及投标文件中的施工组织设计；

（12）其他合同文件。

16. B。本题考核的是公路项目施工成本计划的编制。编制施工成本计划的关键是确定责任目标成本，这是成本计划的核心，是成本管理所要达到的目标，成本目标通常以项目成本总降低额和降低率来定量地表示。

17. A。本题考核的是贝雷桥架设方法。贝雷桥架设常采用的架设方法是悬臂推出法。桥梁推出时的倾覆稳定系数不小于1.2，以防止桥梁尚未推达对岸滚轴之前发生倾倒。

18. D。本题考核的是稳定土厂拌设备的分类。稳定土拌合设备按生产能力分为小型（200t/h以下）、中型（200~400t/h）、大型（400~600t/h）和特大型（600t/h以上）四种。

19. C。本题考核的是市场准入管理。根据《公路建设市场管理办法》，收费公路建设项目法人和项目建设管理单位进入公路建设市场实行备案制度。

20. D。本题考核的是竣工验收委员会成员。竣工验收委员会由交通运输主管部门、公路管理机构、质量监督机构、造价管理机构等单位代表组成。项目法人、设计、施工、监理、接管养护等单位代表参加竣工验收工作，但不作为竣工验收委员会成员。

二、多项选择题

21. A、E；	22. B、D、E；	23. B、C、E；
24. C、D；	25. B、D、E；	26. D、E；
27. A、B、D、E；	28. A、B、C、D；	29. A、B、D、E；
30. B、C、D。		

【解析】

21. A、E。本题考核的是处理软土地基的加固土桩。处理软土地基的加固土桩包括粉喷桩与浆喷桩。

22. B、D、E。本题考核的是液体石油沥青的适用范围。液体石油沥青适用于透层、粘层及拌制冷拌沥青混合料。

23. B、C、E。本题考核的是模板、支架和拱架的拆除。为便于支架和拱架的拆卸，应根据结构形式、承受的荷载大小及需要的卸落量，在支架和拱架适当部位设置相应的木楔、木马、砂筒或千斤顶等落模设备。

24. C、D。本题考核的是小净距隧道施工。根据《公路隧道设计规范 第二册 交通工程与附属设施》JTG D70/2—2014，分离式独立双洞的最小净距要求见下表。

围岩级别	Ⅰ	Ⅱ	Ⅲ	Ⅳ	Ⅴ	Ⅵ
最小净距（m）	1.0×*B*	1.5×*B*	2.0×*B*	2.5×*B*	3.5×*B*	4.0×*B*

注：*B*——隧道开挖断面的宽度。

25. B、D、E。本题考核的是护栏的作用。护栏的主要作用是防止失控车辆越过中央分隔带或在路侧比较危险的路段冲出路基，不致发生二次事故。同时，还具有吸收能量，减轻事故车辆及人员的损伤程度，以及诱导视线的作用。

26. D、E。本题考核的是公路施工过程基本组织方法。公路施工过程基本组织方法有顺序作业法、平行作业法、流水作业法。

27. A、B、D、E。本题考核的是钻孔灌注桩的质量控制关键点。钻孔灌注桩的质量控制关键点包括：

（1）桩位坐标与垂直度控制；

（2）护筒埋深；

（3）泥浆指标控制；

（4）护筒内水头高度；

（5）孔径的控制，防止缩径；

（6）桩顶、桩底标高的控制；

（7）清孔质量（嵌岩桩与摩擦桩要求不同）；

（8）钢筋笼接头质量；

（9）导管接头质量检查与水下混凝土的灌注质量。

28. A、B、C、D。本题考核的是投标报价的组成。根据《建设工程工程量计价规范》GB 50500—2013，投标总价应当与分部分项工程费、措施项目费、其他项目费和规费、税金的合计金额一致。其他项目费中包含计日工费用、暂列金额和材料暂估价。第三方责任险属于风险费已包含在综合单价中。

29. A、B、D、E。本题考核的是沥青混合料摊铺机的生产能力。沥青混合料摊铺机的生产率以每小时的吨数来计算，它按下列公式计算：

$$Q = hBv_0\rho K_B \text{ (t/h)}$$

式中 h——铺层厚（m）；

B——摊铺带宽（m）；

v_0——摊铺工作速度（m/h）；

ρ——沥青混合料密度（t/m^3）；

K_B——时间利用系数（0.75~0.95）。

30. B、C、D。本题考核的是招标投标的相关规定。已通过招标方式选定的特许经营项目投资人依法能够自行施工或者提供服务的公路工程建设项目，方可不进行招标。B 选项并未强调是否已通过招标方式选定，故 B 选项错误。招标人可以自行决定是否编制标底或者设置最高投标限价。招标人不得规定最低投标限价，故 C 选项错误。公路工程勘察设计和施工监理招标，应当采用综合评估法进行评标，故 D 选项错误。

三、实务操作和案例分析题

（一）

1. K1+600~K3+050 路段设计填方量的平均运距 $=1420+\dfrac{16200\times350+24000\times1075}{16200+24000}$

$=1420+782.84$

$=2202.84\text{m}$

2. K1+600~K3+050 路段需要进行路堤试验路段施工。因为该路段公路为二级公路，同时也属于特殊（或软土）地段路基。

3. 施工单位确定采用施工便道 A 方案的理由：

（1）便道 A 方案占田少；

（2）便道 A 方案靠近山脚，稳定性好；

（3）便道 A 方案对居民点的影响小。

4. 路堤填筑时，两侧加宽超填作用：（1）保证路堤边缘压实度；（2）保证刷坡工作面（或保证边坡整修）。

对抛石挤淤的材料还要求其中 0.3m 粒径以下的石料含量不宜大于 20%。该路段软基处理还可以采用换填垫层或掺水泥、石灰等稳定剂处理的方法。

5. K1+600~K3+050 路段的加宽超填工程量：$(0.3\times1.6\times700+0.3\times2.1\times750)\times2=1617\text{m}^3$。

K1+600~K3+050 路段业主需计量支付的工程量：$16200+24000=40200\text{m}^3$。

（二）

1. 事件 1 中，A 为路基。

设置隔离栅的主要作用：

（1）将公路用地隔离出来，防止非法侵占公路用地设施；

（2）将可能影响交通安全的人和畜等与公路分离，保证公路的正常运营。

2. 事件 2 中，工艺 B 应为：弯沉测试。

事件 2 中，路面处治的最优工艺流程为：③①②⑤⑦④⑥。

3. 事件 3 中的错误处："换板部分基层调平采用碎石，再浇筑同强度等级混凝土"。

改正为："换板部分基层均由新浇筑的水泥混凝土面板一次浇筑完成，不再单独选择材料调平"。

4. 事件 4 中，施工单位复测压浆板四角的弯沉值后，可以判断板块不再脱空。

理由：因为根据《公路水泥混凝土路面养护技术规范》JTJ 073.1—2001规定，凡弯沉超过0.2mm的，应确定为面板脱空。该项目实测弯沉值均在规定范围内，所以可判断板块不再脱空。

5. 事件5中，C试验：抽提试验；D试验：马歇尔稳定度试验。

（三）

1. 事件1中，监理工程师在下达工程变更令之前的程序如下：

（1）报业主批准；

（2）同承包人协商确定变更工程价格不超过业主批准的范围。

2. 背景图中，混凝土护壁形式属于内齿式。

图中构造物A为孔口护圈（或围挡）。

图中管孔B的主要作用为：

（1）作为泄水孔；

（2）向护壁与桩周间空隙灌注水泥浆的灌浆（或压浆）孔。

3. 背景图中，D（挖孔桩直径）不宜小于1.2m；H应不小于0.3m。

为防止施工人员发生中毒窒息事故，应配备的主要仪器设备有：气体浓度检测仪器，机械通风设备（鼓风机），隔绝式压缩氧自救器。

4. 事件3中，（1）正确。

事件3中，（2）错误。将“220V”改正为“36V及以下安全电压”。

事件3中，（3）错误。改正为“桩孔开挖每开挖不超过1m深度必须浇筑混凝土护壁，（或挖一节浇筑一节护壁）”。

5. 修订后的专项施工方案需要专家论证审查。

理由：因为该大桥人工挖孔桩基础虽然开挖深度不超过15m，但土体中存在甲烷、一氧化碳等有毒有害气体。

（四）

1. 图中开挖方式是环形开挖预留核心土法。

采用这种开挖方式合理。

理由：环形开挖预留核心土法适用Ⅴ～Ⅵ级围岩。

2. 图中施工工序的名称分别为：1—拱部环形开挖，2—拱部初期支护，3—预留核心土开挖，5—下台阶左侧壁开挖，6—下台阶左侧壁初期支护，9—仰拱浇筑，10—二次衬砌。

3. 开挖过程中的不妥之处：

（1）每循环开挖长度为2m不妥（错误）。

改正为“0.5～1m”。

（2）仰拱与掌子面的距离60m错误。

改正为“不超过40m”。

4. 单位负责人接到报告后，应在1h内向当地县级人民政府应急管理部门报告。

2018 年度全国二级建造师执业资格考试

《公路工程管理与实务》

真题及解析

2018年度《公路工程管理与实务》真题

一、单项选择题（共20题，每题1分。每题的备选项中，只有1个最符合题意）

1. 不得直接填筑于冰冻地区三、四级公路下路床的填料是（　　）。

A. 湿黏土　B. 弱膨胀土　C. 红黏土　D. 粉质土

2. 袋装砂井施工工艺流程中，最后一步工艺是（　　）。

A. 埋砂袋头　B. 机具移位

C. 摊铺上层砂垫层　D. 拔出套管

3. 关于击实试验法测定最佳含水量的说法，错误的是（　　）。

A. 用干法或湿法制备一组不同含水量的试样

B. 制备好的土样应一次性倒入击实筒

C. 计算各试样干密度，以干密度为纵坐标、含水量为横坐标绘制曲线

D. 当试样中有大于规定的颗粒，应先取出大颗粒，其百分率合格后，再对剩余试样进行击实试验

4. 不能用于二级和二级以上公路高级路面基层的是（　　）。

A. 水泥稳定细粒土　B. 水泥稳定煤矸石

C. 水泥稳定碎石土　D. 水泥稳定砂砾

5. 二级公路无机结合料稳定碎石基层施工中，其拌合工艺和摊铺工艺推荐采用（　　）。

A. 集中厂拌合摊铺机摊铺　B. 人工路拌合摊铺机摊铺

C. 人工路拌合推土机摊铺　D. 集中厂拌合推土机摊铺

6. 水泥混凝土抗折强度的试验步骤包括：①试件的成型和养护；②标记试件；③试件外观检查、修整；④加载试验；⑤整理试验数据、提供试验报告。正确的顺序为（　　）。

A. ①→②→③→④→⑤　B. ①→③→②→④→⑤

C. ①→③→④→②→⑤　D. ①→②→④→③→⑤

7. 关于高性能混凝土使用的减水剂性能的要求，错误的是（　　）。

A. 减水率低　B. 坍落度损失小

C. 能明显改善混凝土耐久性能　D. 与水泥相容性好

8. 关于圆管涵施工要求的说法，正确的是（　　）。

A. 管节不得现场就地制造

B. 当管壁厚度不一致时，应调整高度使内壁齐平

C. 插口管接口处不得使用沥青填塞

D. 每节管底出现反坡的坡度应小于3°

9. 根据《公路工程技术标准》JTG B01—2014，下列公路隧道中，属于长隧道的是（　　）。

A. 长485m的隧道　B. 长875m的隧道

C. 长1560m的隧道　D. 长3450m的隧道

10. 隧道通风控制系统中，控制风机运转所依据的环境数据主要是（　　）含量。

A. O_2　　B. CO　　C. CO_2　　D. SO_2

11. 单代号网络图中，箭线一般用来表示（　　）。

A. 工作之间的逻辑关系　　B. 一项工作

C. 一项工作的持续时间　　D. 工作之间的搭接时距

12. 下列后张法预应力筋质量检验的实测项目中，属于关键项目的是（　　）。

A. 管道坐标　　B. 管道间距

C. 张拉伸长率　　D. 断丝滑丝数

13. 某桥墩承台顶面与地面平齐，标高为+3.27m，墩顶标高为+20.15m，墩顶处施工属于（　　）。

A. Ⅰ级高处作业　　B. Ⅱ级高处作业

C. Ⅲ级高处作业　　D. Ⅳ级高处作业

14. 关于配电箱、开关箱安全技术要求的说法，错误的是（　　）。

A. 分配电箱不得挂接临时用电设备

B. 一个开关箱最多控制两台用电设备

C. 总配电箱必须安装漏电保护器

D. 开关箱内必须安装漏电保护器

15. 营改增后，城市维护建设税及教育费附加在（　　）中计取。

A. 增值税　　B. 企业管理费　　C. 其他工程费　　D. 规费

16. 根据《公路工程标准施工招标文件》；①中标通知书；②合同协议书；③技术规范；④项目专用合同条款，这四项合同文件解释的优先顺序是（　　）。

A. ①③②④　　B. ④②③①　　C. ③②①④　　D. ②①④③

17. 关于钢筋加工场的说法，错误的是（　　）。

A. 钢筋应垫高堆放，离地 20cm 以上，下部支点应以保证钢筋不变形为原则

B. 顶棚及架构原则上应采用木结构搭设

C. 钢筋加工场应做硬化处理

D. 场地四周应设置排水沟

18. 关于公路工程施工特种作业人员管理的说法，错误的是（　　）。

A. 特种作业人员应具有初中及以上学历

B. 特种作业人员应当参加年度安全教育培训或继续教育，每年不得少于 24h

C. 用人单位应与持有资格证书的特种人员订立劳动合同

D. 用人单位应当面口头告知特种作业人员违章操作的危害

19. 根据《公路建设监督管理办法》，政府投资公路建设项目实施的程序包括：①编制可行性研究报告；②编制项目建议书；③编制初步设计文件；④组织项目施工招标；⑤编制施工图设计文件；⑥进行征地拆迁并申报施工许可；⑦办理项目交、竣工验收和财产移交手续；⑧组织项目施工；⑨组织项目后评价。上述实施程序正确的排序是（　　）。

A. ②→①→③→④→⑤→⑥→⑧→⑨→⑦

B. ②→①→③→⑤→④→⑥→⑧→⑦→⑨

C. ①→②→③→⑤→④→⑥→⑧→⑨→⑦

D. ①→②→③→④→⑤→⑥→⑧→⑦→⑨

20. 根据《公路工程设计变更管理办法》，发生较大设计变更时，负责审批的单位是（　　）。

A. 交通运输部　　B. 项目建设单位

C. 省级交通主管部门　　D. 勘察设计单位

二、多项选择题（共10题，每题2分。每题的备选项中，有2个或2个以上符合题意，至少有1个错项。错选，本题不得分；少选，所选的每个选项得0.5分）

21. 下列工程防护中，属于圬工防护的有（　　）。

A. 框格防护　　B. 捶面

C. 挂网式坡面防护　　D. 抛石

E. 锚杆铁丝网喷浆

22. 水泥混凝土路面断板的治理措施有（　　）。

A. 直接灌浆　　B. 局部带状修补

C. 扩缝灌浆　　D. 罩面补强

E. 整块板更换

23. 后张法预制梁板施工中，张拉时预应力损失过大的原因有（　　）。

A. 锚具硬度过高　　B. 钢绞线松弛率超限

C. 锚具下混凝土强度偏大　　D. 钢绞线与孔道摩阻力过大

E. 量测偏差导致实际张拉力偏小

24. 护栏的主要作用有（　　）。

A. 将公路用地隔离出来，防止非法侵占公路用地

B. 防止失控车辆冲出路基，不致发生二次事故

C. 吸收能量以减轻事故车辆及人员的损伤程度

D. 警示和缓冲

E. 诱导视线

25. 关于挖孔桩基础施工安全控制要求的说法，正确的有（　　）。

A. 孔内挖土人员的头顶部应设置护盖

B. 所有人工挖孔桩必须采用混凝土护壁

C. 起吊设备必须有限位器、防脱钩器等装置

D. 人工挖孔超过10m深，应采用机械通风

E. 相邻两孔中，一孔进行浇筑混凝土作业时，另一孔内不得有人员

26. 施工总体部署是施工组织设计的重要内容之一，其主要内容有（　　）。

A. 建立施工管理机构　　B. 划分施工任务

C. 编制资源供应计划　　D. 安排施工顺序

E. 制定季节性施工技术措施

27. 隧道施工中，施工人员必须撤离现场的危险信号有（　　）。

A. 监控量测数据出现突变　　B. 作业面围岩级别发生变化

C. 掌子面有渗水　　D. 喷层出现异常裂缝

E. 地表位移大于允许值

28. 根据《公路工程基本建设项目概算预算编制办法》，其他工程费中施工辅助费包括（　　）。

A. 机械工具使用费　　　　　　　　B. 勘察试验费

C. 工程定位复测费　　　　　　　　D. 工程点交、场地清理费

E. 临时水井、水塔修建费

29. 可用于隧道二次衬砌的施工机械设备有（　　）。

A. 锚杆台车　　　　　　　　　　　B. 混凝土喷射机

C. 混凝土搅拌站　　　　　　　　　D. 搅拌运输车

E. 混凝土输送泵

30. 根据《公路工程竣（交）工验收办法实施细则》，公路工程交工验收应具备的条件有（　　）。

A. 通车试运营 2 年以上

B. 施工单位按《公路工程质量检验评定标准》及相关规定对工程质量自检合格

C. 监理单位对工程质量评定合格

D. 质量监督机构按"公路工程质量鉴定办法"对工程质量进行检测，并出具检测意见，检测意见中需整改的问题已经处理完毕

E. 档案、环保等单项验收合格，土地使用手续已办理

三、实务操作和案例分析题（共 4 题，每题 20 分）

（一）

背景资料：

某施工单位承建了一段二级公路路基工程。其中 K3+220～K3+650 为高填方路堤，路基填方高度最高为 21.2m，地面以下有约 6m 的软土层。施工单位采用强夯处理地基，采用水平分层填筑路堤。高填方路堤横断面示意图如下图所示。

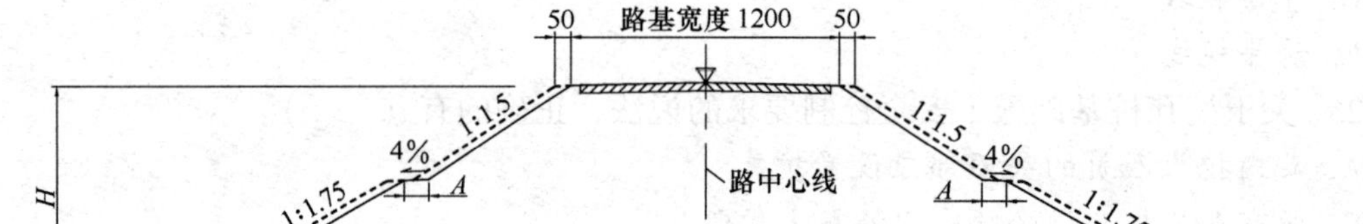

高填方路堤横断面示意图

施工过程中发生如下事件：

事件 1：施工单位在已碾压整平的场地内做好了周边排水沟，布设了竖向排水体，并在强夯区地表铺设了垫层。在施工场地内选择一块有代表性的地段作为试夯区，面积 200m²。试夯结束后在规定时间段内，对试夯现场进行检测，并与试夯前测试数据进行对比，以检验设备及夯击能是否满足要求，确定间歇时间、夯间距、夯击次数等施工参数，确定强夯处理的施工工艺。强夯处理范围为坡脚边缘。

事件 2：施工单位确定的强夯施工工序主要包括：①夯点布设；②施工准备；③场地平整；④试夯；⑤主夯；⑥检查验收；⑦副夯；⑧满夯。

事件3：施工期间，施工单位对高填方路堤进行了动态观察，即沉降观测，用路堤中心线地面沉降速率每昼夜不大于10～15mm控制路堤稳定性。

问题：

1. 分别写出示意图中标注 H 以及 A 所对应的术语名称。强夯区铺设的垫层材料采用哪种类型？试列举两种具体材料。

2. 指出事件1中存在的错误并改正。补充通过试夯还可以确定的施工参数。

3. 写出事件2中强夯施工的正确工序。(写出数字编号即可)

4. 补充事件3中，施工单位对软土地区路堤施工还必须进行的动态观测项目及控制标准。

（二）

背景资料：

某施工单位承建了一段二级公路沥青混凝土路面工程，路基宽度 12m。上面层采用沥青混凝土（AC-13），下面层采用沥青混凝土（AC-20）；基层采用 18cm 厚水泥稳定碎石，基层宽度 9.5m；底基层采用级配碎石。

沥青混合料指定由某拌合站定点供应，现场配备了摊铺机、运输车辆。基层采用两侧装模，摊铺机铺筑。

施工过程中发生如下事件：

事件 1：沥青混凝土下面层施工前，施工单位编制了现场作业指导书，其中部分要求如下：

（1）下面层摊铺采用平衡梁法；

（2）摊铺机每次开铺前，将熨平板加热至 80℃；

（3）采用雾状喷水法，以保证沥青混合料碾压过程不粘轮；

（4）摊铺机无法作业的地方，可采取人工摊铺施工。

事件 2：施工单位确定的级配碎石底基层实测项目有：压实度、纵断高程、宽度、横坡等。

事件 3：施工单位试验室确定的基层水泥稳定碎石混合料的集料比例见下表，水泥剂量为 4.5%（外掺），最大干容重为 2.4t/m^3，压实度 98%。

基层水泥稳定碎石混合料集料比例表

集料名称	1 号料	2 号料	3 号料	4 号料
比例（%）	25	35	25	15

问题：

1. 本项目应采用什么等级的沥青？按组成结构分类，本项目沥青混凝土路面属于哪种类型？

2. 沥青混凝土路面施工还需要配备哪些主要施工机械？

3. 逐条判断事件 1 中现场作业指导书的要求是否正确？并改正错误。

4. 补充事件 2 中级配碎石底基层实测项目的漏项。

5. 列式计算事件 3 中 1km 基层需 1 号料和水泥的用量。（不考虑材料损耗，以 t 为单位，计算结果保留到小数点后两位）

（三）

背景资料：

某山岭隧道为单洞双向两车道公路隧道，其起讫桩号为 K68+238～K69+538，隧道长 1300m。该隧道设计图中描述的地质情况为：K68+238～K68+298 段以及 K69+498～K69+538 段为洞口浅埋段，地下水不发育，出露岩体极破碎，呈碎、裂状；K68+298～K68+598 段和 K69+008～K69+498 段，地下水不发育，岩体为较坚硬岩，岩体较破碎，裂隙较发育且有夹泥，其中，K68+398～K68+489 段隧道的最小埋深为 80m；K68+598～K69+008 段，地下水不发育，岩体为较坚硬岩，岩体较为完整，呈块状体或中厚层结构，裂隙面内夹软塑状黄泥。

施工过程中发生如下事件：

事件 1：施工单位对该隧道的围岩进行了分级。按安全、经济原则从①全断面法；②环形开挖留核心土法；③双侧壁导坑法中比选出了一种浅埋段隧道施工方法。

事件 2：根据设计要求，施工单位计划对 K68+398～K68+489 段隧道实施监控量测，量测项目有：洞内外观察、地表下沉、钢架内力和外力、围岩压力、周边位移、拱顶下沉、锚杆轴力等。

事件 3：施工单位在 K68+690～K68+693 段初期支护施工时，首先采用激光断面仪对该段隧道开挖断面的超欠挖情况进行测量，检验合格后，采用干喷技术，利用挂模的方式喷射混凝土，并对喷射混凝土强度等实测项目进行了实测。

事件 4：在二次衬砌施工前，施工单位发现 K68+328～K68+368 段多处出现了喷射混凝土掉落的现象，掉落处原岩表面残留有黄泥。施工单位提出了掉落段的处置方法，并进行了复喷施工。

问题：

1. 判断隧道各段围岩的级别。指出事件 1 中比选出的施工方法。

2. 事件 2 中哪三项为必测项目？写出拱顶下沉量测的方法和工具。

3. 指出事件 3 施工中的错误。补充喷射混凝土质量检验实测项目的漏项。

4. 分析事件 4 中喷射混凝土因原岩面残留黄泥而掉落的原因，并写出施工单位复喷前应采取的措施。

5. 本项目是否需要编制专项施工方案？是否需要专家论证、审查？

（四）

背景资料：

某10联现浇预应力混凝土连续箱梁桥地处山岭重丘区，跨越河谷，起点与另一特大桥相连，终点与一隧道相连。部分桥跨布置示意图如图1所示。

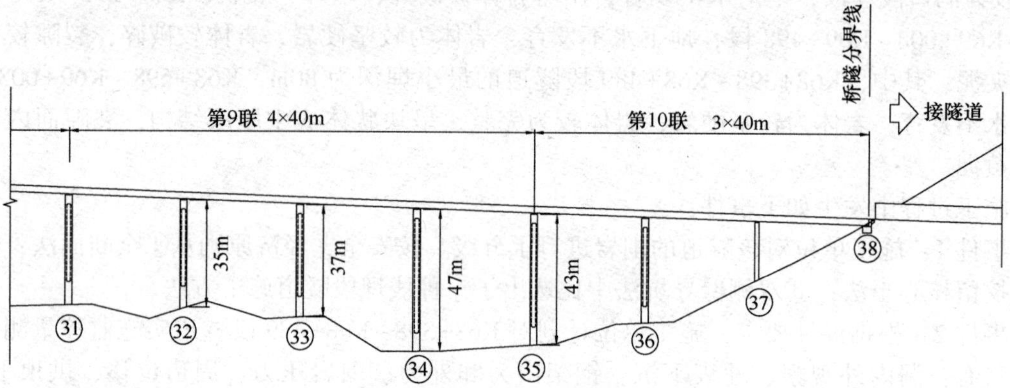

图1 部分桥跨布置示意图

该项目在招投标和施工过程中发生如下事件：

事件1：招标文件中的设计文件推荐连续箱梁采用移动模架法施工，因现场场地受限，模架在该桥梁终点处的隧道内拼装，然后前移逐孔施工。但某施工单位进场后，发现隧道标未开工（另一施工单位承担该隧道施工），无法按时提供移动模架拼装场地。经桥梁施工单位提出，建设单位、设计单位和监理单位确认，暂缓第10联施工，而从第9联开始施工。因第9联桥墩墩身较高，移动模架采用桥下组拼、整体垂直提升安装方案，第10联箱梁待隧道贯通后采用桩柱梁式支架（第10联支架布置示意图如图2所示）施工，由此造成工期推迟一个月。上述方案上报相关单位并经批复后开始施工，根据相关规定，施工单位提出了以下索赔要求：

（1）移动模架桥下组拼场地处理费用；

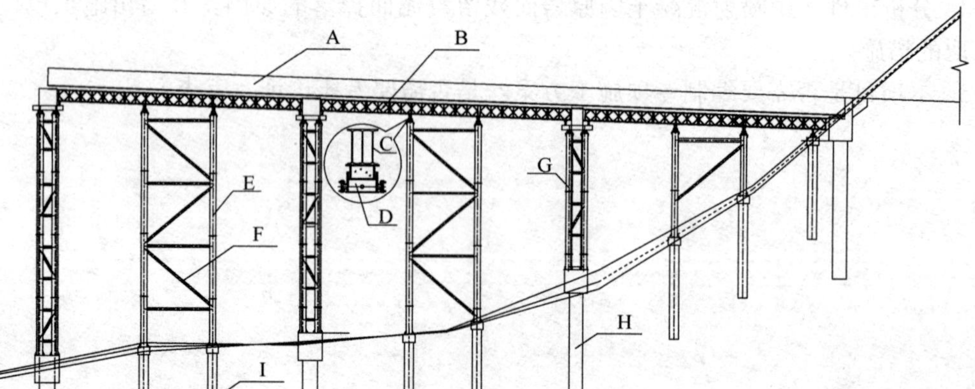

图2 第10联支架布置示意图

(2) 工期延长一个月按天索赔增加的现场管理费；

(3) 移动模架垂直提升安装费用；

(4) 第 10 联支架摊销费用；

(5) 因第 10 联改为支架而损失的模架摊销费。

事件 2：图 2 所示的桩柱梁式支架由桩基础、钢管柱、卸落装置、贝雷片、型钢、连接件等组成，支架按设计计算设置了施工预拱度。组拼完成后，按相关要求进行检验及加载预压试验，满足要求后投入使用。

事件 3：施工单位按照《公路工程施工安全技术规范》JTG F90—2015 要求，编制了支架施工专项方案，该方案经施工单位审核，由技术负责人签字后，报监理工程师审查批准后实施。

问题：

1. 事件 1 中，逐条判断施工单位提出的索赔要求是否成立？

2. 结合图 2 与事件 2，指出型钢、卸落装置、贝雷片分别对应图 2 中的 A ~ H 中的哪个编号？说明应根据哪些因素来确定卸落装置的形式？

3. 事件 2 中，支架施工预拱度的设置应考虑哪些主要因素？

4. 事件 3 中，支架专项施工方案实施前的相关程序是否正确？若不正确，写出正确程序。

2018 年度真题参考答案及解析

一、单项选择题

1. D；　2. C；　3. B；　4. A；　5. A；
6. B；　7. A；　8. B；　9. C；　10. B；
11. A；　12. C；　13. C；　14. B；　15. B；
16. D；　17. B；　18. D；　19. B；　20. C。

【解析】

1. D。本题考核的是路基填料应符合的规定。粉质土不宜直接填筑于路床，不得直接填筑于冰冻地区的路床及浸水部分的路堤。

2. C。本题考核的是袋装砂井施工工艺程序。袋装砂井施工工艺程序：整平原地面→摊铺下层砂垫层→机具定位→打入套管→沉入砂袋→拔出套管→机具移位→埋砂袋头→摊铺上层砂垫层。

3. B。本题考核的是击实试验法测定最佳含水量。取制备好的土样按所选击实方法分 3 次或 5 次倒入击实筒，每层按规定的击实次数进行击实，要求击完后余土高度不超过试筒顶面 5mm。

4. A。本题考核的是无机结合料稳定基层（底基层）包括的内容及适用范围。水泥稳定土包括水泥稳定级配碎石、未筛分碎石、砂砾、碎石土、砂砾土、煤矸石、各种粒状矿渣等，适用于各级公路的基层和底基层，但水泥稳定细粒土不能用作二级和二级以上公路高级路面的基层。

5. A。本题考核的是施工工艺选择。施工工艺选择见下表：

材料类型	公路等级	结构层位	拌合工艺		摊铺工艺	
			推荐	可选择	推荐	可选择
无机结合料稳定中、粗粒材料	二级及二级以上	基层	集中厂拌	—	摊铺机摊铺	—
无机结合料稳定细粒材料		底基层	集中厂拌	—	摊铺机摊铺	推土机摊铺 平地机整平
水泥稳定材料	二级以下	基层和底基层	集中厂拌	—	摊铺机摊铺	—
其他各种无机结合料稳定材料		基层和底基层	集中厂拌	人工路拌	摊铺机摊铺	推土机摊铺 平地机整平
级配碎石	二级及二级以上	基层和底基层	集中厂拌	—	摊铺机摊铺	—
	二级以下	基层和底基层	集中厂拌	人工路拌	摊铺机摊铺	推土机摊铺 平地机整平

6. B。本题考核的是水泥混凝土抗折（抗弯拉）强度试验步骤。水泥混凝土抗折（抗弯拉）强度试验步骤：（1）试件的成型并养护；（2）试件外观检查、修整；（3）标记试件；（4）加载试验；（5）整理试验数据，提供试验报告。

7. A。本题考核的是高性能混凝土使用的减水剂。高性能混凝土水泥宜选用品质稳定、标准稠度低、强度等级不低于42.5的硅酸盐水泥或普通硅酸盐水泥，不宜采用矿渣硅酸盐水泥、火山灰质硅酸盐水泥及粉煤灰硅酸盐水泥。外加剂应选用高效减水剂或复合减水剂，并应选择减水率高、坍落度损失小、与水泥之间具有良好的相容性、能明显改善或提高混凝土耐久性能且质量稳定的产品。

8. B。本题考核的是钢筋混凝土圆管涵施工。在运输条件限制时，也可在现场就地制造，故A选项错误。对插口管，接口应平直，环形间隙应均匀，并应安装特制的胶圈或用沥青、麻絮等防水材料填塞，故C选项错误。各管节应顺流水坡度安装平顺，当管壁厚度不一致时应调整高度使内壁齐平，故D选项错误、B选项正确。

9. C。本题考核的是隧道的分类。按照长度分为特长隧道：$L>3000m$，长隧道：$3000\geqslant L\geqslant 1000m$，中隧道：$1000>L>500m$，短隧道：$L\leqslant 500m$。

10. B。本题考核的是隧道通风控制系统的功能。隧道通风控制系统是根据一氧化碳与能见度检测器检测到的环境数据、交通量数据等控制风机的运转进行通风。

11. A。本题考核的是单代号网络图。单代号网络图是以节点及其编号表示工作，以箭线表示工作之间逻辑关系的网络图。

12. C。本题考核的是预应力筋的加工和张拉质量检验。后张法实测项目：管道坐标（包含梁长方向和梁高方向）、管道间距（包含同排和上下层）、张拉应力值（△）、张拉伸长率（△）、断丝滑丝数。

13. C。本题考核的是高处作业的级别划分。高处作业高度在15m以上至30m时，称为Ⅲ级高处作业。

14. B。本题考核的是配电箱、开关箱的安全技术要求。每台用电设备应有各自专用的开关箱，必须实行“一机一闸”制，严禁用同一个开关电器直接控制两台及两台以上的用电设备（含插座）。

15. B。本题考核的是费用项目组成。城市维护建设税及教育费附加已含在调整后的企业管理费基本费用费率中，不另行计算。

16. D。本题考核的是解释合同文件的优先顺序。除项目专用合同条款另有约定外，解释合同文件的优先顺序如下：（1）合同协议书及各种合同附件（含评标期间和合同谈判过程中的澄清文件和补充资料）；（2）中标通知书；（3）投标函及投标函附录；（4）项目专用合同条款；（5）公路工程专用合同条款；（6）通用合同条款；（7）技术规范；（8）图纸；（9）已标价工程量清单；（10）承包人有关人员、设备投入的承诺及投标文件中的施工组织设计；（11）其他合同文件。

17. B。本题考核的是钢筋加工场的场地建设。顶棚及架构原则采用钢结构搭设。

18. D。本题考核的是公路工程施工特种作业人员管理。用人单位应当书面告知特种作业人员违章操作的危害。

19. B。本题考核的是政府投资公路建设项目的实施的程序。政府投资公路建设项目的实施，应当按照下列程序进行：（1）根据规划，编制项目建议书；（2）根据批准的项目建议书，进行工程可行性研究，编制可行性研究报告；（3）根据批准的可行性研究报告，编制初步设计文件；（4）根据批准的初步设计文件，编制施工图设计文件；（5）根据批准的施工图设计文件，组织项目招标；（6）根据国家有关规定，进行征地拆迁等施工前准备工作，并向交通主管部门申报施工许可；（7）根据批准的项目施工许可，组织项目实施；（8）项目完工后，编制竣工图表、工程决算和竣工财务决算，办理项目交、竣工验收和财产移交手续；（9）竣工验收合格后，组织项目后评价。

20. C。本题考核的是公路工程设计变更管理的相关规定。较大设计变更由省级交通主管部门负责审批。

二、多项选择题

21. A、B、D、E；　22. A、B、C、E；　23. B、D、E；
24. B、C、E；　25. A、C、D、E　26. A、B、D；
27. A、D、E；　28. C、D；　29. C、D、E；
30. B、C、D。

【解析】

21. A、B、D、E。本题考核的是圬工防护。边坡坡面圬工防护：框格防护、封面、护面墙、干砌片石护坡、浆砌片石护坡、浆砌预制块护坡、锚杆铁丝网喷浆、喷射混凝土护坡。捶面包含在封面内。抛石亦属于圬工防护。

22. A、B、C、E。本题考核的是水泥混凝土路面断板的治理措施。对于轻微断裂，裂缝无剥落或轻微剥落，裂缝宽度小于 3mm 的断板，宜采用灌入胶结剂的方法灌缝封闭。灌缝工艺有直接灌浆法、压注灌浆法、扩缝灌注法。对轻微断裂可采用局部带状修补。对于严重断裂，裂缝处有严重剥落，面板被分割成 3 块以上，有错台或裂块已开始活动的断板，应采用整块板更换的措施。

23. B、D、E。本题考核的是后张法预制梁板施工。张拉时预应力损失过大的原因有：（1）锚具滑丝或钢绞线（钢丝束）内有断丝；（2）钢绞线（钢丝）的松弛率超限；（3）量测数值有误，实际张拉值偏小；（4）锚具下混凝土局部破坏变形过大；（5）钢索与孔道间摩阻力过大。

24. B、C、E。本题考核的是护栏的主要作用。防撞设施主要包括护栏、防撞筒等。护栏的主要作用是防止失控车辆越过中央分隔带或在路侧比较危险的路段冲出路基，不致发生二次事故。同时，还具有吸收能量，减轻事故车辆及人员的损伤程度，以及诱导视线的作用。

25. A、C、D、E。本题考核的是挖孔桩基础施工安全控制要求。挖孔较深或有渗水时，必须采取孔壁支护及排水、降水等措施，严防坍孔。在较好土层，人工挖扩桩孔不采用混凝土护壁时，必须使用工具式的安全防护笼进行施工。

26. A、B、D。本题考核的是施工总体部署的主要内容。施工总体部署主要内容有：（1）建立施工管理机构；（2）施工任务划分；（3）施工顺序等。

27. A、D、E。本题考核的是隧道施工支护的安全技术要求。当发现量测数据有不正常变化或突变，洞内或地表位移大于允许位移值，洞内或地面出现裂缝以及喷层出现异常裂缝时，均应视为危险信号，人员必须立即撤离现场，经处理达到安全作业条件后方可继续施工。

28. C、D。本题考核的是其他工程费中施工辅助费。其他工程费中施工辅助费包括生产工具用具使用费、检验试验费和工程定位复测、工程点交、场地清理等费用。

29. C、D、E。本题考核的是二次支护衬砌机械。二次支护衬砌机械：模板衬砌台车（混凝土搅拌站、搅拌运输车、混凝土输送泵）。

30. B、C、D。本题考核的是公路工程交工验收应具备的条件。

公路工程交工验收工作一般按合同段进行，并应具备以下条件：

（1）合同约定的各项内容已全部完成。各方就合同变更的内容达成书面一致意见。

（2）施工单位按《公路工程质量检验评定标准》及相关规定对工程质量自检合格。

（3）监理单位对工程质量评定合格。

（4）质量监督机构按“公路工程质量鉴定办法”对工程质量进行检测，并出具检测意见。检测意见中需整改的问题已经处理完毕。

（5）竣工文件按公路工程档案管理的有关要求，完成“公路工程项目文件归档范围”第三、四、五部分（不含缺陷责任期资料）内容的收集、整理及归档工作。

（6）施工单位、监理单位完成本合同段的工作总结报告。

三、实务操作和案例分析题

（一）

1. 示意图中 H 为路基边坡高度，A 为边坡平台。

垫层材料宜采用级配良好的坚硬粗颗粒材料。比如：砾石（或碎石、卵石、砂砾）、矿渣（或石渣、煤渣）。

2. 事件 1 存在的错误如下：

（1）强夯处理范围为边坡脚边缘错误。

正确做法：强夯处理范围应超出路提坡脚。每边超出坡脚的宽度不宜小于 3m。

（2）试夯面积为 $200m^2$ 错误。

正确做法：试夯区场地面积不应小于 $500m^2$。

试夯还可以确定的施工参数有：单击夯击能、夯击遍数等。

3. 强夯施工的正确工序：②③①④⑤⑦⑧⑥（或②③④①⑤⑦⑧⑥）。

4. 施工单位对软土地区路堤施工还必须进行的动态观测项目及控制标准如下：

（1）动态观测项目还应该进行水平位移的观测。

（2）控制标准：施工期间坡脚水平位移速率每昼夜不大于 5mm 控制路堤稳定性。

（二）

1. 本项目采用 A 级、B 级的沥青均可。按组成结构分类，本项目沥青混凝土路面属于密实-悬浮结构类型。

2. 还需要配备的主要施工机械有：双轮双振动压路机、胶轮压路机、钢轮压路机（或光轮压路机）。

3. 事件 1 中现场作业指导书的要求判断如下：

第（1）条不正确。改为：下面层摊铺采用走线法。

第（2）条不正确。改为：摊铺机每次摊铺前，将熨平板加热至不低于 100℃。

第（3）条正确。

第（4）条正确。

4. 级配碎石底基层实测项目的漏项有：厚度、平整度、弯沉值。

5. 计算过程如下：

（1）1000×9.5×0.18×2.4×0.98＝4021.92t。

（2）集料总量：4021.92/1.045＝3848.73t。

（3）1号料用量：3848.73×0.25＝962.18t。

（4）水泥用量：3848.73×0.045＝173.19 t（或4021.92−3848.73＝173.19t）。

（三）

1. 隧道各段围岩的级别判断如下：

（1）K68＋238～K68＋298段围岩以及K69＋498～K69＋538段围岩应为Ⅴ级围岩；（2）K68＋298～K68＋598段围岩和K69＋008～K69＋498段围岩应为Ⅳ级围岩；（3）K68＋598～K69＋008段围岩应为Ⅲ级围岩。

比选出的施工方法为环形开挖留核心土法。

2. 事件2中必测项目为：洞内外观察，拱顶下沉，周边位移。

拱顶下沉量测方法为水准测量法，拱顶下沉量测工具为水准仪和钢尺（或收敛计）。

3. 事件3中的错误是采用干喷技术，利用挂模的方式施工喷射混凝土。

喷射混凝土质量检验实测项目还包括：喷层厚度（△）、空洞检测（△）。

4. 事件4中喷射混凝土因原岩面残留黄泥而掉落的原因是：混凝土与围岩的粘结力不足。

施工单位复喷前应采取的措施为：清洗原岩面。

5. 本项目是需要编制专项施工方案。

本项目需要专家论证、审查。

（四）

1. 判断以下索赔要求是否成立：

（1）移动模架桥下组拼场地处理费用索赔成立；（2）工期延长一个月按天索赔增加的现场管理费索赔不成立；（3）移动模架垂直提升安装费用索赔成立；（4）第十联支架摊销费用索赔成立；（5）因第十联改为支架而损失的模架摊销费索赔不成立。

2. 结合图2与事件2，C为型钢、B为贝雷片、D为卸落装置。

根据结构形式（或支架形式），承受的荷载大小与需要的卸落量来确定卸落装置的形式。

3. 支架施工预拱度的设置应考虑主要因素有：模板、支架承受施工荷载引起的弹性变形；受载后由于杆件接头的挤压和卸落装置压缩而产生的非弹性变形；支架地基在受载后的沉降变形。

4. 事件3中，支架专项施工方案实施前的相关程序判断如下：

（1）支架专项施工方案实施前的相关程序不正确。

（2）正确程序应为：该支架高度最高达43m，大于8m，属于超过一定规模的危险性较大工程的范围，专项方案必须由施工单位组织专家进行论证、审查，专家组提交论证报告并签字后方可实施。

2017 年度全国二级建造师执业资格考试

《公路工程管理与实务》

真题及解析

2017年度《公路工程管理与实务》真题

一、单项选择题（共20题，每题1分。每题的备选项中，只有1个最符合题意）

1. 路基填料的强度指标是（　　）。

A. 压实度　　B. CBR值

C. 稳定度　　D. 塑性指数

2. 填石路基采用强力夯实法施工时，填补夯坑的填料应选用（　　）。

A. 碎石土　　B. 砂性土

C. 软质石料　　D. 与路基同类型石质填料

3. 岩石挖方路段不宜选用的挡土墙是（　　）。

A. 重力式挡土墙　　B. 加筋土挡土墙

C. 锚杆挡土墙　　D. 锚定板式挡土墙

4. 关于填隙碎石施工的说法，错误的是（　　）。

A. 单层填隙碎石的压实厚度宜为公称最大粒径的1.5~2.0倍

B. 填隙料应干燥

C. 填隙碎石施工，应采用胶轮压路机

D. 填隙碎石碾压后，表面集料间的空隙应填满，但表面应看得见集料

5. 无机结合料稳定材料组成设计流程正确的是（　　）。

A. 施工参数确定→生产配合比设计→目标配合比设计→原材料检验

B. 施工参数确定→目标配合比设计→生产配合比设计→原材料检验

C. 原材料检验→生产配合比设计→目标配合比设计→施工参数确定

D. 原材料检验→目标配合比设计→生产配合比设计→施工参数确定

6. 路面透水性排水基层施工中，在连续长纵坡坡段或凹形竖曲线路段，排水层内渗流的自由水有可能被堵封或渗流路径超过45~60m时，为拦截水流及缩短渗流长度应增设（　　）。

A. 纵向排水管　　B. 横向排水管

C. 纵向集水管　　D. 横向跌水井

7. 关于桥梁桩基使用冲击钻成孔的说法，正确的是（　　）。

A. 不适合于有孤石的砂砾石层　　B. 开始钻进宜快不宜慢

C. 钻进过程中一定要保持护筒内的水头　　D. 遇有倾斜岩层，不得采用冲击钻钻进

8. 关于预应力管道的说法，错误的是（　　）。

A. 所有管道均应设压浆孔　　B. 应在管道最低点设排气孔

C. 必要时在管道最低点设排水孔　　D. 管道应采用定位钢筋固定安装

9. 根据《公路隧道设计规范》JTG D70/2—2014，长度大于（　　）m的隧道应设置照明。

A. 100　　B. 150　　C. 200　　D. 250

10. 下列隧道现场监控量测项目中，属于必测项目的是（　　）。

A. 围岩压力　　B. 锚杆轴力

C. 周边位移　　D. 爆破震动

11. 隧道照明控制系统对洞内照明强度调节的主要依据是（　　）。

A. 洞外的照度和噪声值变化　　B. 洞外的照度和交通量变化

C. 洞内粉尘含量和交通量变化　　D. 洞外的照度和粉尘含量变化

12. 进度计划编制中，劳动量消耗的均衡性常用不均衡系数来表示，若劳动量消耗最大值为 $R_{\max}$，最小值为 $R_{\min}$，均值为 $\overline{R}$，则不均衡系数为（　　）。

A. $\frac{R_{\min}}{\overline{R}}$　　B. $\frac{R_{\max}}{\overline{R}}$　　C. $\frac{R_{\max}-R_{\min}}{\overline{R}}$　　D. $\frac{R_{\max}}{R_{\min}}$

13. 进度计划调整过程中，压缩关键工作持续时间可采取的管理措施是（　　）。

A. 优化工作控制流程　　B. 改进施工方法

C. 提供加快进度所需资金　　D. 采用信息技术进行计划调整

14. 下列水泥稳定粒料基层质量检验的实测项目中，属于关键项目的是（　　）。

A. 平整度　　B. 压实度　　C. 纵断高程　　D. 横坡

15. 危险源风险评价 LEC 法的公式为 $D=L\times E\times C$，其中 E 的含义是（　　）。

A. 项目重要程度分值　　B. 事故发生的可能性分值

C. 暴露于危险环境的频繁程度分值　　D. 事故造成的后果分值

16. 关于隧道施工爆破作业安全技术要求的说法，正确的是（　　）。

A. 当发现有“盲炮”时，必须由专职安全员排除

B. 有轨机动车运送炸药和雷管时，须分别放置于相邻的两个车厢

C. 人力运送爆破器材时，中途不得停留

D. 自行车只能运送雷管，不能运送炸药

17. 根据《公路工程基本建设项目概算预算编制办法》，承包人驻地内修建临时水塔的费用属于（　　）。

A. 临时工程费　　B. 临时设施费

C. 施工辅助费　　D. 直接工程费

18. 钢筋混凝土结构构造裂缝形成原因不包括（　　）。

A. 集料含泥量过大　　B. 混凝土搅拌及运输时间过长

C. 采用了水胶比大的混凝土　　D. 采取了推迟水化热峰值出现的措施

19. 公路水运工程生产安全重大事故隐患排查治理的责任主体是（　　）。

A. 交通运输主管部门　　B. 建设单位

C. 施工单位　　D. 监理单位

20. 关于公路施工企业信用信息管理的说法，错误的是（　　）。

A. 公路施工企业信用升级实行逐级上升制

B. 公路施工企业资质升级的，其信用评价等级不变

C. 被一个省级交通运输主管部门直接认定为 D 级的企业，其全国综合评价直接定为 D 级

D. 公路施工企业信用评价结果有效期为 1 年

二、多项选择题（共 10 题，每题 2 分。每题的备选项中，有 2 个或 2 个以上符合题意，至少有 1 个错项。错选，本题不得分；少选，所选的每个选项得 0.5 分）

21. 关于路基冬期施工的说法，正确的有（　　）。

A. 半填半挖地段、挖填方交界处不得在冬期施工

B. 冬期填筑路堤，应按横断面全宽平填，每层松铺厚度应比正常施工增加 20%~30%

C. 当填筑至路床底面时，碾压密实后应停止填筑，在顶面覆盖防冻保温层

D. 冬期过后必须对填方路堤进行补充压实

E. 河滩地段可利用冬期水位低，开挖基坑修建防护工程

22. 冲刷防护中的间接防护包括（　　）。

A. 丁坝　B. 防洪堤　C. 抛石　D. 石笼

E. 顺坝

23. 无机结合料稳定材料组成设计所确定的施工参数包括（　　）。

A. 结合料的剂量　B. 最佳含水量

C. 合理含水率　D. 最大松铺厚度

E. 最大干密度

24. 关于沥青混合料压实的说法，正确的有（　　）。

A. 压路机采用 2~3 台双轮双振压路机及 2~3 台重量不小于 16t 胶轮压路机组成

B. 采用雾状喷水法，以保证沥青混合料碾压过程中不粘轮

C. 在当天成型的路面上，不得停放各种机械设备或车辆

D. 初压应采用钢轮压路机紧跟摊铺机振动碾压

E. 压路机不得在未碾压成型路段上转向、调头、加水或停留

25. 旋挖钻机一般适用的地质层包括（　　）。

A. 黏土层　B. 微风化玄武岩层

C. 微风化花岗岩层　D. 淤泥土层

E. 碎石土层

26. 承台混凝土浇筑直接倾卸高度超过 2m 时，应通过（　　）等设施下落。

A. 串筒　B. 滑槽　C. 溜槽　D. 振动溜管

E. 宽口料斗

27. 按隧道间的距离，隧道分为（　　）。

A. 连拱隧道　B. 小净距隧道

C. 分离式隧道　D. 极小断面隧道

E. 分岔式隧道

28. 隧道通风控制系统是根据（　　）检测到的环境数据、交通量数据等控制风机的运转进行通风。

A. 一氧化碳检测器　B. 噪声检测器

C. 能见度检测器　D. 湿度检测器

E. 温度检测器

29. 施工现场使用的电动工具通常分为Ⅰ、Ⅱ、Ⅲ类，其划分的主要依据有（　　）。

A. 重量　B. 绝缘性能　C. 体积　D. 价格

E. 防触电性能

30. 关于公路工程竣（交）工验收的说法，正确的有（ ）。

A. 竣工验收委员会由交通运输主管部门、项目法人、质量监督机构等单位代表组成

B. 通车试运营2年以上方可进行竣工验收

C. 竣工验收质量等级评定分为合格和不合格

D. 通过交工验收的合同段，项目法人应及时颁发“公路工程交工验收证书”

E. 批准的项目建议书是竣工验收的重要依据

三、案例分析题（共4题，每题20分）

（一）

背景资料：

某二级公路工程施工合同段，包含两段路基（K6+000～K6+460、K6+920～K8+325）和一座隧道（K6+460～K6+920），两段路基中既有挖方也有填方。隧道上覆土厚约20m，围岩级别为Ⅳ、Ⅴ级，其中Ⅳ级围岩主要由较坚硬岩组成，Ⅴ级围岩主要由第四系稍湿碎石土组成，该隧道为大断面隧道。

施工单位采用挖掘机开挖路基挖方段土方，开挖时采用横挖法自上而下分台阶进行，直接挖至设计边坡线，并避免超欠挖。开挖时每层台阶高度控制在3～4m以内，并在台阶面设置2%纵横坡以避免雨季积水。

根据施工组织设计要求，部分路基填筑利用隧道洞渣作为路基填料，一般路段采用分层填筑方法施工，土石方分层填筑施工工艺流程如下图所示。

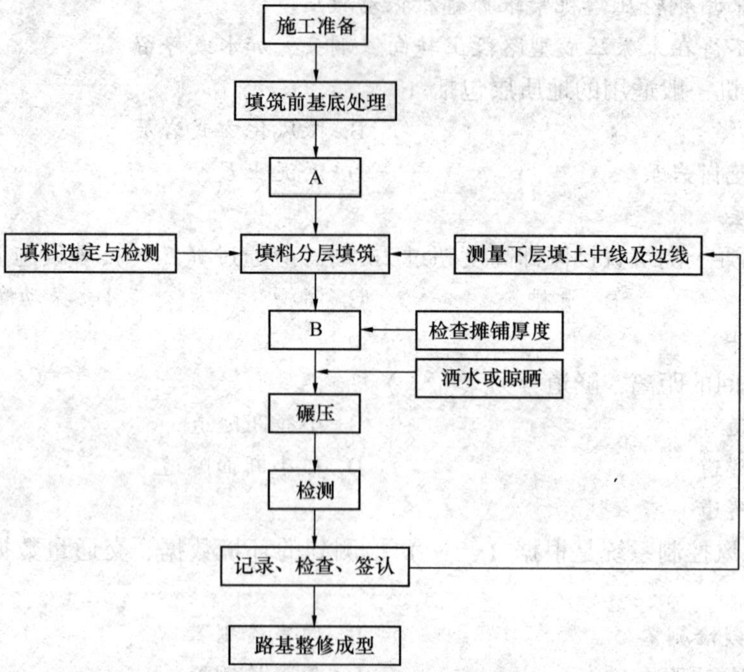

土石方分层填筑施工工艺流程

隧道进口端路堤，土石料填筑（其中粒径大于40mm的石料超过80%）采用水平分层填筑方法施工，每一层厚控制在400mm，路堤与路床的填料粒径控制不超过层厚，不均匀系数控制在15～20。隧道出口端路堤，由于地势低洼，土石料填筑（其中粒径大于40mm

的石料占55%）采用倾填方法施工。

隧道施工采用新奥法，根据施工进度计划，并结合地质情况及运输条件，施工单位对该合同段的隧道施工配置了挖掘机、自卸式汽车、风动凿岩机、装载机、凿岩台车、模板衬砌台车、钻孔机、混凝土喷射机、注浆机等施工机械。

问题：

1. 指出路基土方开挖的错误做法，并说明理由。

2. 写出图中A和B的名称。

3. 指出隧道进口端与出口端路堤填筑中的错误做法并改正。

4. 路基填筑前，“摊铺厚度”指标应通过什么方法确定？图中，“洒水或晾晒”的目的是什么？

5. 在施工单位对该合同段配置的隧道施工机械中，指出可用于锚杆施工的机械。

（二）

背景资料：

某施工单位承接了一条二级公路的施工，路线全长 30.85km，路基宽度 8.5m，路面宽度 2×3.5m。该工程内容包括路基、桥梁及路面工程等。为减少桥头不均匀沉降，防止桥头跳车，桥台与路堤交接处按桥头处治示意图施工，主要施工内容包括：地基清表、挖台阶、A 区域分层填筑、铺设土工格室、设置构造物 K、路面铺筑等。路面结构层如下图所示，B 区域为已经填筑完成的路堤填筑区域。

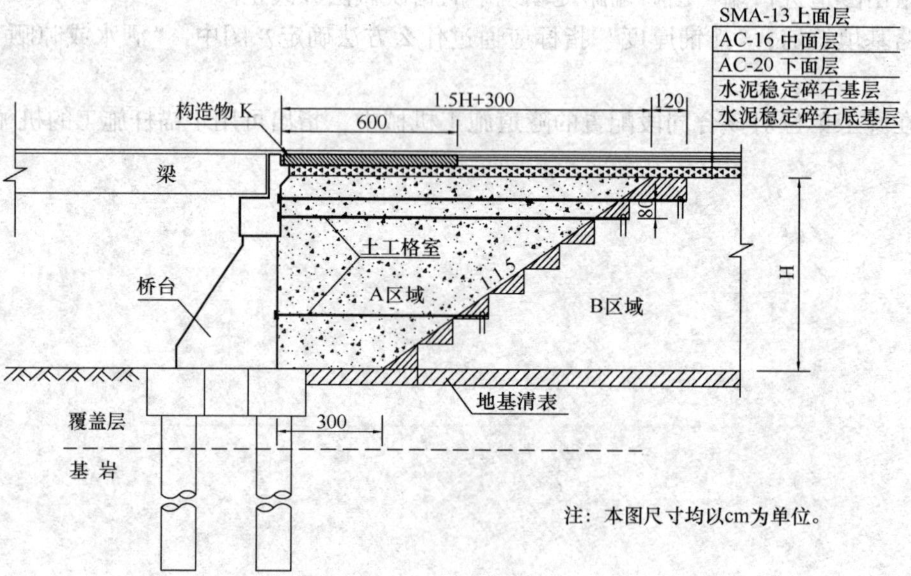

桥头处治示意图

该项目实施过程中发生了如下事件：

事件 1：针对基层与底基层的施工，施工单位在施工组织设计中做了详细要求，现摘录 4 条技术要点如下：

（1）应在下承层施工质量检测合格后，开始摊铺上层结构层。采用两层连续摊铺时，当下层质量出了问题时，上层应同时处理。

（2）分层摊铺时，应先将下承层顶面拉毛或采用凸块压路机碾压，再摊铺上层混合料。

（3）对无法使用机械摊铺的超宽路段，应采用人工同步摊铺、修整，并同时碾压成型。

（4）气候炎热、干燥时碾压稳定中、粗粒混合料，含水率应比最佳含水率降低 0.5~1.5 个百分点。

事件 2：施工单位对 K5+500~K5+800 路段的基层完成碾压并经压实度检查合格后，及时实施养护，但因养护条件欠佳，导致基层出现了裂缝。经过弯沉检测，该段基层的承载力满足设计要求。施工单位对裂缝采取了相应的技术措施处理后，继续铺筑上面的沥青混凝土面层。

事件 3：根据《公路工程竣（交）工验收办法实施细则》，施工单位完成约定的全部工程内容，且经施工自检和监理检验评定均合格后，提出交工验收申请，报监理单位审查。交工验收申请书附自检评定资料和 C 报告。监理单位审查同意后，向项目法人提交了 D 资料、质量评定资料和监理总结报告。项目法人接收资料后，及时按规定组织了交工验收。

问题：

1. 写出桥头处治示意图中构造物 K 的名称。
2. 桥头处治示意图中 A 区域应采用哪些特性的填料回填？
3. 对事件 1 中的 4 条技术要点逐条判断对错，并改正错误之处。
4. 写出两条可对事件 2 中裂缝修复的技术措施。
5. 写出事件 3 中 C 报告、D 资料的名称。

（三）

背景资料：

某施工单位承接了二级公路一桥隧相连项目，其中桥梁桥跨布置为（65+120+65）m，③号桥台紧邻隧道进口洞门。隧道全长910m，净宽12m，净高5m，单洞双向两车道，最大埋深100m，进、出口50m范围内埋深均小于20m（属浅埋隧道）。桥跨布置与隧道围岩级别及其长度、掘进速度如下图所示。

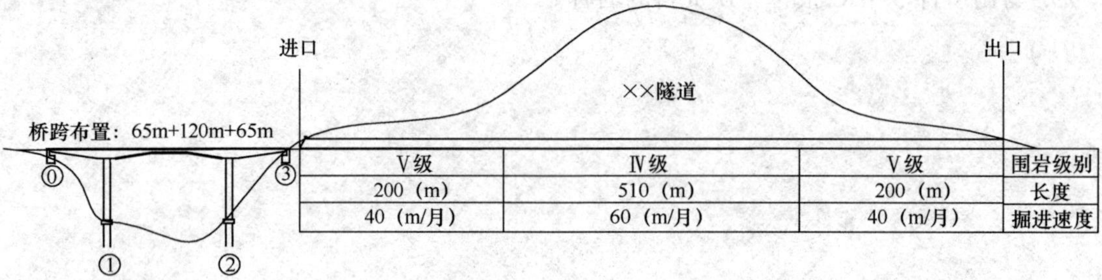

桥隧布置示意图

该项目实施过程中发生了如下事件：

事件1：桥梁为T型刚构，采用挂篮悬臂浇筑，设计文件要求悬臂浇筑须对称平衡。中跨、边跨合拢段长度均为2m，靠近桥台4m梁段采用现浇施工。

事件2：隧道掘进工期为12个月，采用进、出口双向开挖，但最后30m为单向开挖。由于受③号桥台施工限制，决定先由A作业队从出口向进口方向掘进，待③号桥台施工完成后，立即由B作业队从进口掘进，且最后30m决定由B作业队单独完成。

事件3：洞口工程施工包括以下工序：①截水沟施工；②边、仰坡开挖；③套拱及长管棚施工；④边、仰坡防护。

事件4：A作业队在进洞30m后，现场负责人决定将开挖方法由台阶法改为全断面法。

问题：

1. 事件1中，主跨悬臂浇筑施工是否需要在墩梁处采取临时固结措施？说明理由。

2. 事件1中，边跨4m现浇梁段应采用何种方法施工？说明本桥合拢顺序。

3. 事件2中，为保证隧道掘进工期，③号桥台施工最迟应在A作业队掘进开工后多少个月完成？(列式计算，计算结果小数点后保留1位)

4. 写出事件3中洞口工程施工的正确顺序。(用编号表示即可)

5. 事件4中，改变后的开挖方法是否合理？说明理由。

（四）

背景资料：

某新建一级公路工程第二标段里程桩号为 K15+300～K24+150，其中 K22+750～K22+900 为一座大桥，上部结构为预制箱梁。工程所在地区属于冬Ⅱ区，地处海拔 1700～1800m，工期 12 个月，春季开工。

施工现场总平面布置示意图如下图所示，现场需在 A、B、C 三个区域分别布置桥梁梁板预制场（含水泥混凝土拌合站）、水泥稳定土拌合站和承包人驻地三种临时工程。

由于预制场地基地质良好，现场预制箱梁采用了混凝土底模。承包人在驻地现场入口醒目位置设置了工程简介牌和安全生产牌等。现场清表后新建临时便道 1、2、3，其他便道为现场已有便道。

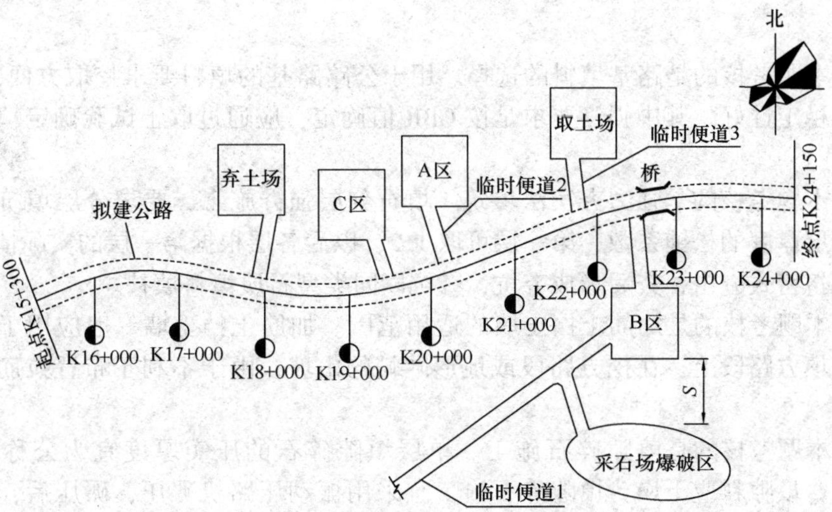

施工现场总平面布置示意图

该工程拟就近从采石场采购 1000m^3 碎石，碎石出厂价 80 元/m^3，运杂费 5 元/m^3，以上价格不含增值税，该材料增值税率 3%，场外运输损耗率 1%，场内运输操作损耗率 2%，采购及保管费率 2.67%。

问题：

1. 根据《公路工程施工安全技术规范》JTG F90—2015，为保证临时工程的安全，B 区与采石场爆破区直线距离 S 最短需要多少米？依据施工方便、合理、安全、经济、环保等施工现场总平面图布置原则，A、B、C 区分别布置哪种临时工程最合理？

2. 按照文明工地要求，承包人在驻地现场入口醒目处还需设置哪些标示牌？预制场为预制箱梁采用的底模是否合理？若不合理宜采用哪种底模？

3. 根据《公路工程基本建设项目概算预算编制办法》，分别判断临时便道现场清表是否需计取冬期施工增加费、高原地区施工增加费和行车干扰工程施工增加费？临时便道 1、2、3 是否应按临时设施费计取？

4. 计算该批碎石场外运输损耗费、采购及保管费和碎石材料预算单价。（计算结果小数点后保留两位）

2017 年度真题参考答案及解析

一、单项选择题

1. B；	2. D；	3. B；	4. C；	5. D；
6. B；	7. C；	8. B；	9. A；	10. C；
11. B；	12. B；	13. D；	14. B；	15. C；
16. C；	17. B；	18. D；	19. C；	20. C。

【解析】

1. B。本题考核的是路基填料的选择。用于公路路基的填料要求挖取方便，压实容易，强度高，水稳定性好。其中强度要求是按 CBR 值确定，应通过取土试验确定填料最小强度和最大粒径。

2. D。本题考核的是强力夯实法填筑。填石分层强夯施工，要求分层填筑与强夯交叉进行，各分层厚度的松铺系数，第一层可取 1.2，以后各层根据第一层的实际情况调整。每一分层连续挤密式夯击，夯后形成夯坑，夯坑以同类型石质填料填补。

3. B。本题考核的是加筋土挡土墙的适用范围。加筋土挡土墙一般应用于地形较为平坦且宽敞的填方路段上，在挖方路段或地形陡峭的山坡，由于不利于布置拉筋，一般不宜使用。

4. C。本题考核的是填隙碎石施工。单层填隙碎石的压实厚度宜为公称最大粒径的 1.5~2.0 倍。填隙料应干燥。填隙碎石施工宜采用振动压路机碾压，碾压后，表面集料间的空隙应填满，但表面应看得见集料，故 C 选项错误。

5. D。本题考核的是无机结合料稳定材料组成设计。无机结合料稳定材料组成设计应包括原材料检验、混合料的目标配合比设计、混合料的生产配合比设计和施工参数确定四部分。

6. B。本题考核的是路面基层排水施工注意事项。连续长纵坡坡段、曲线超高过渡段和凹形竖曲线段等，排水层内渗流的自由水有可能被堵封或者渗流路径超过 45~60m。在这些路段，应增设横向排水管以拦截水流，缩短渗流长度。

7. C。本题考核的是冲击钻孔成孔。冲击钻成孔灌注桩适用于黄土、黏性土或粉质黏土和人工杂填土层，特别适合于在有孤石的砂砾石层、漂石层、硬土层、岩层中使用，故 A 选项错误。开始钻进宜慢不宜快，故 B 选项错误。施工过程中护筒及时跟进，护筒内的水头一定要保持，泥浆指标随时检查控制，不可马虎，故 C 选项正确。岩层一般是倾斜，与钻机解除面位置垂直，此处位置通过回填卵石反复冲钻，直到岩层平整，然后再继续钻进，防止卡钻、孔位倾斜等，故 D 选项错误。

8. B。本题考核的是预应力管道。管道应采用定位钢筋固定安装，使其能牢固地置于模板内的设计位置，并在混凝土浇筑期间不产生位移，故 D 选项正确。所有管道均应设压浆孔，还应在最高点设排气孔及需要时在最低点设排水孔，故 A、C 选项正确，B 选项错误。

9. A。本题考核的是隧道的附属设施。《公路隧道设计规范》JTG D70—2004 规定：照明设计应综合考虑环境条件、交通状况、土建结构设计、供电条件、建设与运营费用等因素；长度大于 100m 的隧道应设置照明。

10. C。本题考核的是隧道现场监控量测必测项目。隧道现场监控量测必测项目包括：洞内、外观察，周边位移，拱顶下沉，地表下沉，拱脚下沉，故 C 选项正确。

11. B。本题考核的是隧道照明控制系统的功能。隧道照明控制系统能根据洞外的照度变化、交通量的变化对洞内照明强度进行调节，节约用电，降低运营费用。

12. B。本题考核的是劳动力不均匀系数。劳动力不均匀系数：K = 人力高峰值 R_{max}/人力平均值。

13. D。本题考核的是压缩关键工作持续时间和调整关键工作逻辑关系的措施。进度计划调整过程中，压缩关键工作持续时间可采取的管理措施：

（1）增加工作面，组织更多的施工队伍；

（2）增加每天的施工时间（多班制或加班）；

（3）增加关键工作的资源投入（劳力、设备等）；

（4）采用信息技术进行计划调整；

（5）实施强有力的调度，进行工程分包；

（6）消除窝工和多余的间歇；

（7）控制相关工作的风险；

（8）用精神激励的方法以提高施工效率。

本题中，A 选项属于组织措施，B 选项属于技术措施，C 选项属于经济措施。

14. B。本题考核的是水泥稳定粒料基层质量检验的实测项目。水泥稳定粒料（碎石、砂砾或矿渣等）[或水泥土，或石灰土，或石灰稳定粒料（碎石、砂砾或矿渣等）；或石灰、粉煤灰土；或石灰、粉煤灰稳定粒料（碎石、砂砾或矿渣等）]。基层和底基层主要检验内容包括：压实度（△）、平整度、纵断高程、宽度、厚度（△）、横坡、强度（△）。

15. C。本题考核的是作业条件危险性评价法（LEC 法）。对于危险源的风险评价通常采用作业条件危险性评价法（LEC 法）进行判断。即：$D=L\times E\times C$，其中 L 为事故发生的可能性分值，E 为暴露于危险环境的频繁程度分值，C 为事故造成的后果分值。

16. C。本题考核的是隧道施工爆破作业安全技术要求。当发现有“盲炮”时，必须由原爆破人员按规定处理，确保安全，故 A 选项错误。有轨机动车运送时，炸药和雷管不宜在同一列车上运送，如必须用同一列车运送时，装雷管与装炸药的车辆必须有三个空车厢隔开，故 B 选项错误。人力运送爆破器材时应有专人护送，并直接送到工地，中途不得停留，故 C 选项正确。严禁用翻斗车、自卸车、拖车、拖拉机、机动三轮车、人力三轮车、自行车、摩托车和皮带运输机运送爆破器材，故 D 选项错误。

17. B。本题考核的是临时设施费。临时设施费系指临时生活及居住房屋（包括职工家属房屋及探亲房屋）、文化福利及公用房屋（如广播室、文体活动室等）和生产、办公房屋（如原材料、半成品、成品存放场及仓库、加工厂、钢筋加工场、发电站、空压机站、停机棚等），工地范围内的各种临时的工作便道（包括汽车、畜力车、人力车道）、人行便道，工地临时用水、用电的水管支线和电线支线，临时构筑物（如水井、水塔等）以及其他小型临时设施。其费用内容主要包括临时设施的搭设、维修、拆除费或摊销费。

18. D。本题考核的是钢筋混凝土结构构造裂缝的形成原因。集料含泥料过大时，随着混凝土干燥、收缩，出现不规则的花纹状裂缝，故A选项错误。混凝土搅拌时间过长，运输时间过长，导致整个结构产生细裂缝，故B选项错误。水胶比大的混凝土，由于干燥收缩，在龄期2~3个月内产生裂缝，故C选项错误。D选项属于防治措施，并非形成原因。

19. C。本题考核的是生产安全重大事故隐患排查治理的责任主体。对于重大事故隐患，由施工单位主要负责人组织制定并实施事故隐患治理方案。

20. C。本题考核的是公路施工企业信用信息管理。公路施工企业信用升级实行逐级上升制，每年只能上升一个等级，不得越级。公路施工企业资质升级的，其信用评价等级不变。被1个省级交通运输主管部门直接认定为D级的企业，其全国综合评价直接定为C级，故C选项错误。公路施工企业信用评价结果有效期1年。

二、多项选择题

21. A、D、E；	22. A、B、E；	23. A、C、E；
24. A、B、C、E；	25. A、D、E；	26. A、C、D；
27. A、B、C；	28. A、C；	29. B、E；
30. B、D、E。		

【解析】

21. A、D、E。本题考核的是路基冬期施工。冬期填筑路堤，应按横断面全宽平填，每层松铺厚度应比正常施工减少20%~30%，且松铺厚度不得超过300mm；故B选项错误。当填筑标高距路床底面1m时，碾压密实后应停止填筑，在顶面覆盖防冻保温层，待冬季过后整理复压，再分层填至设计标高，故C选项错误。

22. A、B、E。本题考核的是冲刷防护。间接防护：丁坝、顺坝、防洪堤等导流构造物以及改移河道。C、D选项属于直接防护。

23. A、C、E。本题考核的是无机结合料稳定材料组成设计所确定的施工参数。无机结合料稳定材料组成设计施工参数确定应包括下列技术内容：

（1）确定施工中结合料的剂量；

（2）确定施工合理含水率及最大干密度；

（3）验证混合料强度技术指标。

24. A、B、C、E。本题考核的是沥青混合料的压实。压路机采用2~3台双轮双振压路机及2~3台重量不小于16t胶轮压路机组成。采用雾状喷水法，以保证沥青混合料碾压过程中不粘轮。不在新铺筑的路面上进行停机，加水、加油活动，以防各种油料、杂质污染路面。压路机不准停留在温度尚未冷却至自然气温以下已完成的路面上。初压：采用钢轮压路机静压1~2遍，正常施工情况下，温度应不低于120℃并紧跟摊铺机进行，当对摊铺后初始压实度较大，经实践证明采用振动压路机或轮胎压路机直接碾压无严重推移而有良好效果时，可免去初压。故D选项错误。碾压进行中压路机不得中途停留、转向或制动，压路机每次由两端折回的位置阶梯形随摊铺机向前推进，使折回处不在同一横断面上，振动压路机在已成型的路面上行驶关闭振动。

25. A、D、E。本题考核的是旋挖钻机的适用范围。旋挖钻机一般适用黏土、粉土、砂土、淤泥质土、人工回填土及含有部分卵石、碎石的地层。

26. A、C、D。本题考核的是混凝土的浇筑。直接倾卸时，其自由倾落高度不宜超过2m；超过2m时，应通过串筒、溜管（槽）或振动溜管（槽）等设施下落；倾落高度超过

10m 时，应设置减速装置。

27. A、B、C。本题考核的是隧道的分类。按隧道间的距离分为连拱、小净距和分离式隧道。

28. A、C。本题考核的是隧道通风控制系统的功能。隧道通风控制系统是根据一氧化碳与能见度检测器检测到的环境数据、交通量数据等控制风机的运转进行通风。

29. B、E。本题考核的是电动工具使用的安全技术要求。施工现场使用的电动工具一般都是手持式的，如：电钻、冲击钻、电锤、射钉枪、电刨、切割机、砂轮、手持式电锯等。按其绝缘和防触电性能由弱到强可分为三类，即Ⅰ类工具、Ⅱ类工具、Ⅲ类工具。

30. B、D、E。本题考核的是公路工程竣工验收。竣工验收委员会由交通运输主管部门、公路管理机构、质量监督机构、造价管理机构等单位代表组成，故 A 选项错误。通车试运营 2 年以上是竣工验收应具备的条件之一，故 B 选项正确。工程竣工验收质量评定得分大于等于 90 分为优良，小于 90 分且大于等于 75 分为合格，小于 75 分为不合格，故 C 选项错误。通过交工验收的合同段，项目法人应及时颁发“公路工程交工验收证书”，故 D 选项正确。批准的项目建议书、工程可行性研究报告是公路工程竣（交）工验收的依据，故 E 选项正确。

三、案例分析题

（一）

1. “直接挖至设计边坡线”的做法错误。因为按相关规范规定，应预留一定的宽度，以免扰动边坡线外土体。

2. A 是基底检测，B 是推土机摊铺整平（或摊平，或整平）。

3. “路堤与路床的填料粒径控制不超过层厚”错误。改为“路堤填料粒径不宜超过层厚的 2/3（即 267mm），路床底面以下 400mm 范围内，填料粒径应小于 150mm，路床填料粒径应小于 100mm”。

“土石料填筑（其中粒径大于 40mm 的石料占 55%）时采用倾填方法施工”错误。改为“土石料填筑（其中粒径大于 40mm 的石料占 55%）采用分层填筑、分层压实”。

4. “摊铺厚度”应通过试验（或铺筑试验路段）方法确定；“洒水或晾晒”的目的是使填料含水量接近最佳含水量，以达到最佳压实效果。

5. 在施工单位对该合同段配置的隧道施工机械中，可用于锚杆施工的有：风动凿岩机、凿岩台车、钻孔机、注浆机。

（二）

1. 构造物 K 为：桥头搭板。

2. A 区域应采用：透水性材料、轻质材料、无机结合料。

3. 事件 1 的 4 条技术要点判断如下：

要点（1）：正确。

要点（2）：错误。改正：分层摊铺时，应先将下承层清理干净，并洒铺水泥净浆，再摊铺上层混合料。

要点（3）：正确。

要点（4）：错误。改正：气候炎热、干燥时碾压稳定中、粗粒混合料，含水率应比最佳含水率增加0.5~1.5个百分点。

4. 裂缝修复的技术措施如下：

（1）在裂缝位置灌缝（或灌浆，或注浆）；

（2）在裂缝位置铺设玻璃纤维格栅；

（3）洒铺热改性沥青（或洒铺透层油）。

5. C报告为：施工总结报告；D资料为：监理单位独立抽检资料。

（三）

1. 不需要采取临时固结措施。

因为0号块与桥墩是固结的，已具有抗弯能力。

2. 支架法（或托架法，或钢管柱法。）

合拢顺序：先边跨后中跨。

3. B作业队完成最后30m掘进时间30/60=0.5个月。

A作业队最长掘进时间：12-0.5=11.5个月。

A作业队最长掘进距离：40×5+60×6.5=590m。

B作业队最短掘进长度：910-590=320m。

B作业队掘进需要最短时间：200/40+120/60=7个月。

最多滞后时间为12-7=5个月

即：③号桥台施工最迟在A作业队掘进开工后5个月完成。

4. 正确顺序：①→②→④→③。

5. 改变后的开挖方法是否合理，判断如下：不合理。

因为进洞30m处尚处于浅埋段，根据相关规范规定，浅埋段不应采用全断面法开挖（或：浅埋段采用全断面法开挖不安全；或：浅埋段采用全断面法开挖易塌方）。

（四）

1. 最短距离 S=500m；A区：承包人驻地；B区：桥梁梁板预制场（含水泥混凝土拌合站）；C区：水泥稳定土拌合站。

2. 还需设置：施工平面图、文明施工牌、消防保卫牌、廉政监督牌（或管理人员名单及监督电话牌）。

设置混凝土底模不合理，宜采用钢模。

3. 现场清表工程需计取冬期施工增加费，需计取高原地区施工增加费，不计取行车干扰工程施工增加费，临时便道1、2、3不按临时设施费计取。

4. 该批碎石场外运输损耗费、采购及采管费和碎石材料预算单价计算过程如下：

（1）场外运输损耗费

（80+5）×1%×1000=850.00元。

（2）采购及保管费

（80+5）×（1+1%）×2.67%×1000=2292.20元。

（3）碎石材料预算单价

（80+5）×（1+1%）×（1+2.67%）=88.14元/m^3。

《公路工程管理与实务》

考前冲刺试卷（一）及解析

《公路工程管理与实务》考前冲刺试卷（一）

一、单项选择题（共20题，每题1分。每题的备选项中，只有1个最符合题意）

1. 对于土方开挖工程，选择的机械与设备主要有（　　）。

A. 羊足碾　　B. 移动式空气压缩机

C. 装载机　　D. 平地机

2. 适用于除岩层、卵石、漂石地质外的各种土质地质条件，尤其在市政桥梁及场地受限的工程中使用的是（　）。

A. 液压旋挖钻孔机　　B. 螺旋钻机

C. 回转斗钻机　　D. 冲击钻机

3. 关于软土工程特性的说法中，正确的是（　　）。

A. 软土是指天然含水率高、天然孔隙比小、抗剪强度低、压缩性低的细粒土

B. 软土包括淤泥、淤泥质土、岩土、泥炭质土等

C. 大部分软土的天然含水量20%~80%

D. 修建在软土地区的路基，应充分考虑路堤填筑荷载引起软基滑动破坏的稳定问题和量大且时间长的沉降问题

4. 关于采用灌砂法对现场密度测定的表述中，不正确的是（　　）。

A. 试验地点选一块平坦的表面，并将其清扫干净，其面积不得大于基板面积

B. 将基板放在平坦表面上，沿基板中孔凿洞，挖出材料后称重、测含水量

C. 若测点表面粗糙，则先灌砂测出粗糙表面的耗砂量

D. 灌砂完毕取走灌砂筒，称取剩余砂的质量，算出试坑消耗砂的质量

5. 水泥稳定土不包括（　　）。

A. 水泥稳定级配碎石　　B. 石灰稳定级配碎石

C. 未筛分碎石　　D. 砂砾

6. 混合料进行摊铺时，摊铺机无法作业的地方，在（　　）同意后采取人工摊铺施工。

A. 项目经理　　B. 监理员

C. 监理工程师　　D. 技术员

7. 路面内部排水系统的使用条件不包括（　　）。

A. 路基两侧有滞水，可能渗入路面结构内

B. 严重冰冻地区，路基由粉性土组成的潮湿、过湿路段

C. 现有路面改建或改善工程，需排除积滞在路面结构内的水分

D. 路基两侧有大量积雪

8. 隧道洞内地下水位较高时，且影响隧道施工时，宜采用（　）处理。

A. 表面排水　　B. 设置截水沟

C. 井点降水　　D. 设置急流槽

9. 桥梁的（　　）是在线路中断时跨越障碍的主要承重结构。

A. 下部结构　　B. 支座系统

C. 上部结构　　D. 附属设施

10. 桥梁伸缩缝病害形成原因的施工因素不包括（　　）。

A. 施工工艺缺陷

B. 锚件焊接内在质量

C. 将伸缩缝的预埋钢筋锚固于刚度薄弱的桥面板中

D. 赶工期忽视质量检查

11. 关于棚式明洞的说法中，错误的是（　　）。

A. 棚式明洞由顶盖和内外边墙组成

B. 能承受较大的垂直压力和侧压力

C. 当岩层坚实完整，干燥无水或少水时，为减少开挖和节约圬工，可采用锚杆式内边墙

D. 受地形、地质条件限制，难以修建拱式明洞时，边坡有小量塌落掉块，侧压力较小时，可以采用棚式明洞

12. 关于公路工程标线施工技术要求的说法，错误的是（　　）。

A. 标线工程正式开工前应在实验室进行试划试验

B. 正式划标线前，应首先清理路面，保证路面表面清洁干燥，然后根据设计图纸进行放样

C. 划线时，通过划线机的行驶速度控制标线厚度

D. 标线充分干燥前，应设置适当警告标志，阻止车辆及行人在作业区内通行

13. 石质路堑施工技术的开挖方式中，（　　）是当前广泛采用的开挖施工方法。

A. 静态破碎法　　B. 钻爆开挖

C. 人工破碎法　　D. 直接应用机械开挖

14. 高速公路项目中桥主体结构垮塌属于（　　）。

A. 重大质量事故　　B. 一般质量事故

C. 较大质量事故　　D. 特别重大质量事故

15. 路面基层（底基层）施工中常见的质量控制关键点不包括（　　）。

A. 基层施工所采用设备组合及拌和设备计量装置校验

B. 路面基层（底基层）材料的含水量、拌和均匀性、配合比

C. 路面基层（底基层）的压实度、弯沉值、平整度及横坡等

D. 路面施工机械设备配置与压实方案

16. 进场检验时，同种材料、同一生产工艺条件下，同批进场的产品可视为同一验收批，下列说法正确的是（　　）。

A. 锚具的每个验收批不宜超过3000套

B. 夹具、连接器的每个验收批不宜超过500套

C. 获得第三方独立认证的产品其验收批可扩大2倍

D. 检验合格的产品，在现场的存放期超过1个月时，再用时应进行外观检查

17. 由于铁路运输部门原因，承包方施工机械未按期运入现场，导致工期延误，该种工期延误属于（　　）延误。

A. 可原谅，可补偿　　B. 可原谅，不可补偿

C. 不可原谅，可补偿　　D. 不可原谅，不可补偿

18. 公路工程项目施工成本的控制方法不包括（　　）。

A. 以施工方案控制资源消耗　　B. 以目标成本控制成本支出

C. 用置换法进行工期成本的同步控制　　D. 运用目标管理控制工程成本

19. 悬臂浇筑边跨合龙施工流程图与悬臂浇筑中跨合龙施工流程图的区别是（　　）。

A. 普通钢筋及预应力管道　　B. 拆模、落架

C. 设置平衡重　　D. 浇筑合龙段混凝土

20. 仅可承担二级标准以下公路、单座桥长500m以下，单跨跨度50m以下桥梁工程施工的企业等级为（　　）。

A. 特级企业　　B. 三级资质

C. 二级资质　　D. 一级资质

二、多项选择题（共10题，每题2分。每题的备选项中，有2个或2个以上符合题意，至少有1个错项。错选，本题不得分；少选，所选的每个选项得0.5分）

21. 特殊路基主要有（　　）。

A. 良好的地质条件下的路基　　B. 红黏土地区路基

C. 软土地区路基　　D. 膨胀土地区路基

E. 滑坡地段路基

22. 锚杆挡土墙的施工工序主要有（　　）。

A. 基础浇（砌）筑　　B. 锚杆制作

C. 基坑填筑　　D. 肋柱安装

E. 墙后填料填筑与压实

23. 填隙碎石的干法施工应符合的规定有（　　）。

A. 初压宜用两轮压路机碾压3~4遍，使集料稳定就位，初压结束时，表面应平整，并具有规定的路拱和纵坡

B. 填隙料应采用石屑撒布机或类似的设备均匀地撒铺在已压稳的集料层上

C. 应采用三轮压路机慢速碾压，将全部填隙料振入集料间的空隙中

D. 无振动压路机对，可采用三轮压路机

E. 再次撒布填隙料，松铺厚度宜为20~25mm，应用人工或机械扫匀

24. 沥青路面粘层施工时应注意的事项包括（　　）。

A. 喷洒表面一定清扫干净，并表面干燥

B. 气温低于10℃时不得喷洒粘层油

C. 喷洒粘层油后，严禁运料车外的其他车辆和行人通过

D. 喷洒的粘层油必须成均匀雾状，不得有洒花漏空或成条状

E. 稀浆封层施工时应在干燥情况下进行

25. 桥梁附属设施包括（　　）。

A. 桥面系　　B. 伸缩缝

C. 桥头搭板　　D. 锥形护坡

E. 桥墩

26. 专项费用中的施工场地建设费不包括（　　）。

A. 生活居住房屋　　B. 红线范围内贯通便道

C. 进出场的临时便道　　D. 保通便道

E. 围墙隔离设施费用

27. 煤矸石、高炉矿渣、钢渣用于修筑基层或底基层之前应崩解稳定，为评价混合料性能，宜采用的试验有（　　）。

A. 强度试验　　B. 模量试验

C. 级配试验　　D. 温度收缩试验

E. 干湿收缩试验

28. 关于安全带使用的说法，正确的有（　　）。

A. 安全带应低挂高用

B. 安全带的安全绳与悬吊绳应共用连接器

C. 安全带的安全绳可作为悬吊绳

D. 安全带的安全绳严禁打结使用

E. 安全带的安全绳上严禁挂钩

29. 下列检测项目中，属于填石路基实测项目的有（　　）。

A. 平整度　　B. 平顺度

C. 弯沉值　　D. 强度

E. 纵断高程

30. 根据《公路工程施工安全技术规范》JTG F90—2015，需编制专项施工方案的大型临时工程有（　　）。

A. 围堰工程　　B. 施工便涵

C. 挂篮　　D. 便桥

E. 水上作业平台

三、实务操作和案例分析题（共4题，每题20分）

（一）

背景资料：

某施工单位承建一山岭重丘区高速公路工程，起讫桩号为K12+200~K27+700，路基设计宽度为24.5m。纵断面设计示意图如图1所示，半填半挖横断面示意图如图2所示。其中K12+200~K15+600段穿越农田，其间经过几条农用灌溉水渠，水渠的平均宽度约3m，渠底淤泥底标高比农田软土底标高平均低约1.7m，渠位均设涵洞，涵底处理依照设计；结合地质情况，农田软土层平均厚度1.25m，最深不超过3m。由于地方交通道路等级较低，农用水田、旱地宝贵，因此合同约定不许外借土石方填筑路基。

施工中发生如下事件：

事件1：施工单位根据全路段原材料情况及K12+200~K15+600段软土厚度，采用了垫层和浅层处理技术进行软土地基处治。

事件2：在施工准备阶段，施工单位经核对设计文件，发现本合同段路基填方总量约35万m^3，最大填方高度4.3m，主要集中在K12+200~K15+600；路基挖方总量约9.7万m^3，主要集中在K18+315~K21+035，开挖深度0.85~15.7m，山体除少量风化表层外均为硬质石灰岩。

事件3：经现场勘察并查阅图纸，发现K20+223~K20+550为全断面挖方段，最大垂直挖深 5.8m，K20+550～K21+035 为半填半挖段，最大挖深 15.7m；为减少征地并能维持路基稳定，在半填段设计了较常用的重力式挡土墙，它主要依靠圬工墙体的（A）抵抗墙后土体的侧向推力。

事件 4：两隧道的主要穿越区段均无明显溶洞，岩石为较坚硬石灰岩，岩体较破碎，属于Ⅲ级围岩段。施工单位在修筑填石路堤时，将填方路段划分为四级施工台阶，分别为：在路基面以下（B）m 为第一级台阶，（B）～1.5m 为第二级台阶，1.5～（C）m 为第三级台阶，（C）m 以上为第四级台阶。

事件 5：施工单位在本工程路基填筑时采用了自重 15t 的振动压路机。

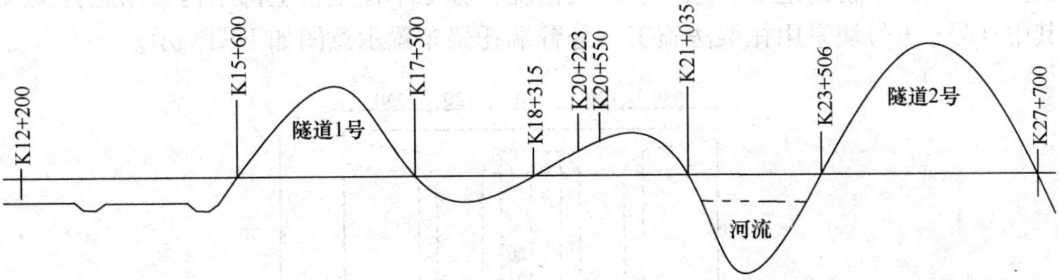

图 1　纵断面设计示意图

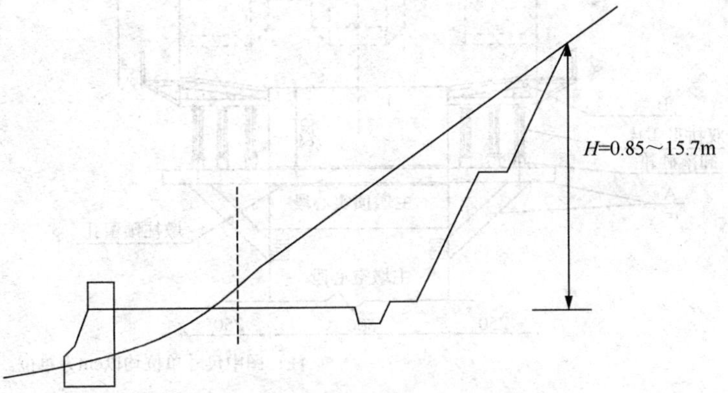

图 2　半填半挖横断面示意图

问题：

1. 说明本工程路堤填料来源。

2. 结合工程背景并考虑项目的经济性，写出事件 1 中本工程适宜采用的两种垫层类型和两种浅层处理方法。

3. 写出适合事件 2 中挖方路段岩质特点的两种控制爆破方法。结合规范要求，本工程最大挖方路段宜设几级边坡？

4. 分别回答事件 3 和事件 4 中 A、B、C 的内容。

5. 改正事件 5 中的错误。

（二）

背景资料：

某施工单位承建了某双线五跨变截面预应力混凝土连续刚构梁桥，桥长 612m，跨径布置为 81m+3×150m+81m。主桥基础均采用钻孔灌注桩，主墩墩身为薄壁单室空心墩，墩身最大高度 60m。主桥 0 号、1 号块采用单箱单室结构，顶板宽 12m，翼板宽 3m。主桥桥位处河道宽 550m，水深 0.8~4m，河床主要为砂土和砂砾。

施工中发生如下事件：

事件 1：根据本桥的地质、地形和水文情况，施工单位主桥上部结构采用悬臂浇筑施工法。其中 0 号、1 号块采用托架法施工，悬臂端托架布置示意图如下图所示。

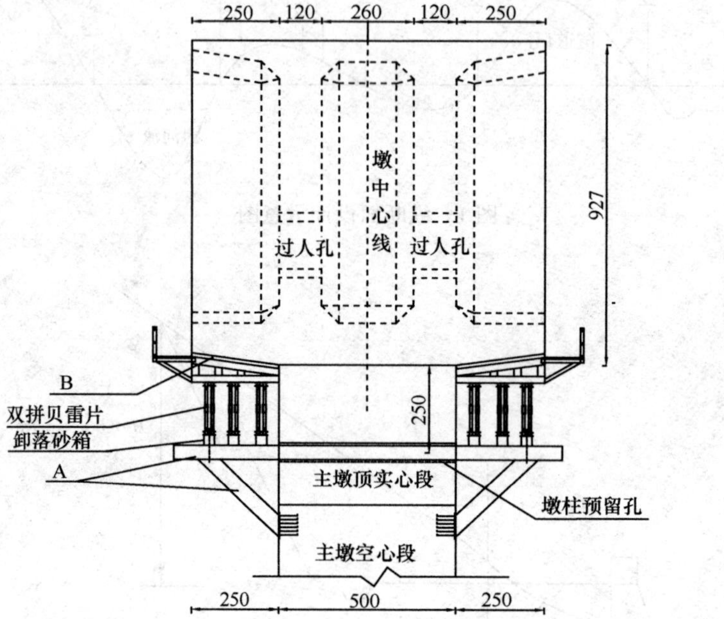

悬臂端托架布置示意图

事件 2：项目部编制了该桥悬臂浇筑专项施工方案，主要内容为：工程概况、编制依据、施工计划、施工工艺技术、施工安全保证措施、劳动力计划、C 和 D。专项方案编制完成后，由项目部组织审核，项目总工签字后报监理单位。

事件 3：0 号、1 号块混凝土施工拟采用两次浇筑的方案：

第一次浇筑高度 5.27m，主要工艺流程为：托架及平台拼装→安装底模及外侧模→E→安装底板、腹板、模隔板钢筋→安装竖向预应力管道及预应力筋、埋设预埋件→F→浇筑混凝土→养护。

第二次浇筑高度 4m，主要工艺流程为：G→内侧模加高→安装内支架及顶板、翼板模板→H→安装纵向预应力管道→安装横向预应力管道及预应力筋、埋设各种预埋件→浇筑混凝土→养护。

事件 4：施工单位采用墩侧塔吊运输小型机具和钢筋等材料；采用专用电梯运送施工人员；采用拌合站拌合、混凝土罐车运输、输送泵泵送混凝土入模浇筑。

问题：

1. 写出图中 A 和 B 的名称。

2. 根据本桥结构，施工单位在悬臂施工过程中是否需要采取临时固结措施？说明理由。

3. 事件 2 中 C、D 的内容是什么？专项施工方案审批流程是否正确？如有错误则改正。

4. 指出事件 3 中工艺流程 E、F、G、H 的名称。

5. 事件 4 中施工单位采用的施工机械设备哪些属于特种设备？特种设备持证要求有哪些？

（三）

背景资料：

某施工单位在北方平原地区承建了一段长22km的双向四车道高速公路的路基、路面工程，该工程路面结构设计示意图如图1所示。

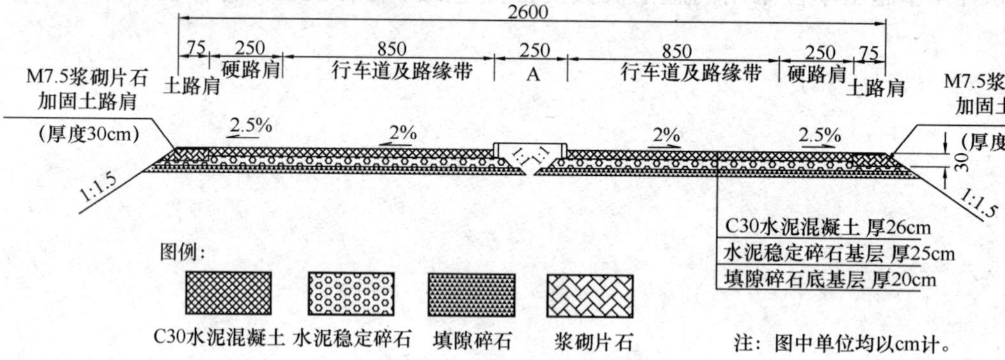

图1　路面结构设计示意图

施工中发生如下事件：

事件1：施工单位进场后采用活动板房自建驻地项目部，驻地生活用房建设时充分考虑以人为本的理念。驻地办公用房面积考虑了下列各个部（或室）的要求：项目经理室、书记办公室、项目副经理办公室、各职能部门办公室（质检部、合同部、技术部、财务部、安全部等）、综合办公室、医务室、保安室、档案资料室、打印复印室。

事件2：施工单位在基层施工前，进行了各项标准试验，包括标准击实试验、B试验、混合料的配合比试验、结构强度试验等，其中路面基层无机结合料稳定材料配合比设计流程图如图2所示。

事件3：施工单位进行无机结合料稳定材料的配合比设计后，将试验报告及试验材料提交监理工程师中心试验室审查批准。监理工程师审查试验报告后，即肯定并签认了施工单位的标准试验参数。

事件4：施工单位为加强对工地试验室的管理，制定了《试验、检测记录管理办法》及相关试验管理制度，现部分摘录如下：

（1）工地试验室对试验、检测的原始记录和报告应印成一定格式的表格，原始记录和报告要实事求是，字迹清楚，数据可靠，结论明确。同时应有试验、计算、复核、负责人签字及试验日期，并加盖项目公章。

（2）工程试验、检测记录应使用签字笔填写，内容应填写完整，没有填写的地方应划“-”，不能留空。

（3）原始记录如果需要更改，作废数据应采用涂改液涂改，并将正确数据填在上方，同时加盖更改人印章。

问题：

1. 写出图1中A的名称以及图2中检测参数3可采用的试验方法。
2. 补充事件1中驻地办公用房面积考虑时缺少的部（或室）。

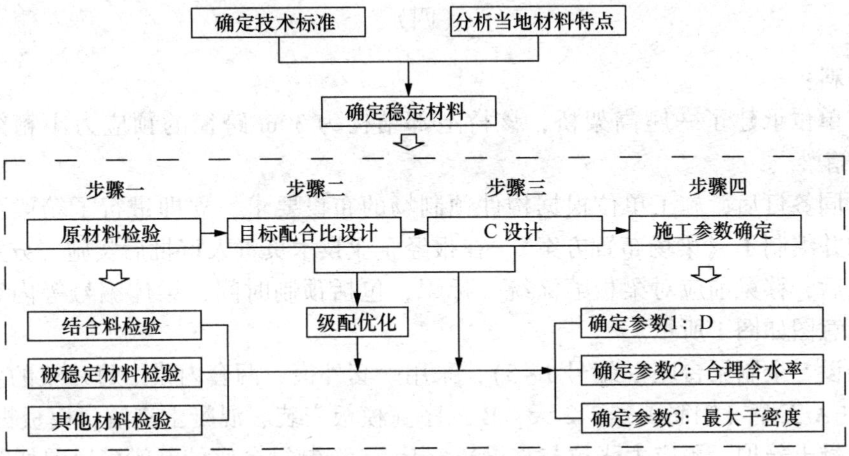

图 2　无机结合料稳定材料配合比设计流程图

3. 写出事件 2 中 B 试验的名称以及图 2 步骤三中 C 设计、步骤四中 D 参数的名称。

4. 判断事件 3 中监理工程师做法是否正确？如果正确，说明理由；如果错误，改正错误之处。

5. 逐条判断事件 4 中《试验、检测记录管理办法》摘录内容是否正确？并改正错误。

（四）

背景资料：

某施工单位承建了一座高架桥，该桥上部结构为 30m 跨径的预应力小箱梁结构，共 120 片预制箱梁。

施工合同签订后，施工单位根据构件预制场的布设要求，立即进行了箱梁预制场的选址和规划，并编制了《梁场布置方案》，在报经企业技术负责人审批后实施。方案要求在梁板预制完成后，移梁前应对梁板喷涂统一标识，包括预制时间、梁体编号等内容。预制场平面布置示意图如图 1 所示。

预制场设 5 个制梁台座（编号 1~5），采用一套外模、两套内模。每片梁的生产周期为 10 天，其中 A 工序（钢筋工程）2 天，B 工序（模板安装、混凝土浇筑、模板拆除）2 天，C 工序（混凝土养护、预应力张拉与移梁）6 天。5 个制梁台座的制梁横道图如图 2 所示。

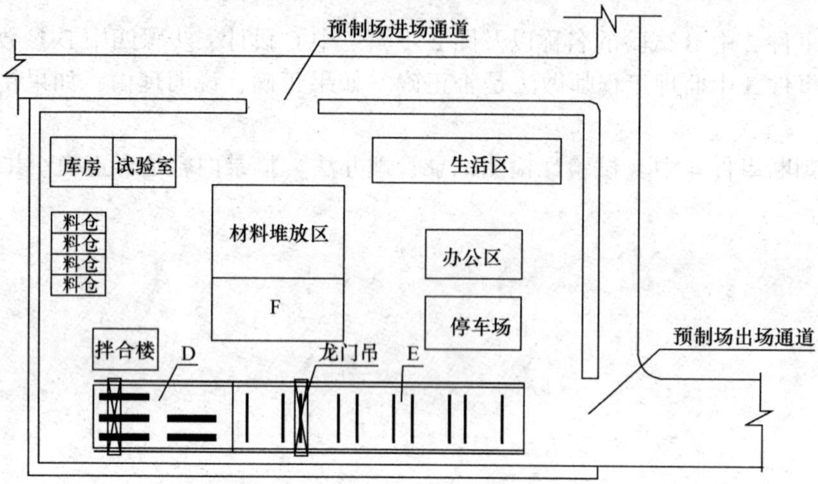

图 1　预制场平面布置示意图

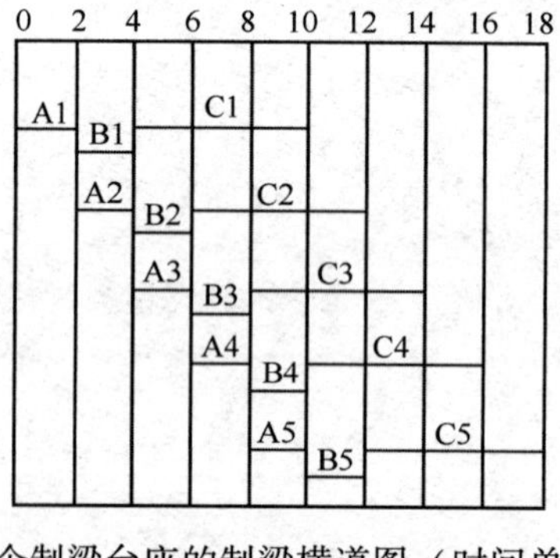

图 2　5 个制梁台座的制梁横道图（时间单位：天）

箱梁预制前，施工单位对底模板设置了预拱。在进行第 25 号箱梁预制时，为选择预应力筋张拉时机，在箱梁混凝土浇筑时，试验人员甲在现场同步取样，并对取样试块按试验室标准条件养护，严格按测定的试块强度作为预应力筋的张拉强度。但张拉完成后发现该梁预拱度出现较大偏差。

问题：

1. 完善《梁场布置方案》的审批程序，并补充梁板还应喷涂的标识。

2. 分别写出预制场平面布置示意图中 D、E、F 区域代表的名称。在拌合楼旁通常需设置哪些标识或标牌？

3. 列式计算 120 片箱梁按图 2 的形式组织流水施工的最短预制工期。

4. 分析 25 号箱梁预拱度出现较大偏差的原因。

考前冲刺试卷（一）参考答案及解析

一、单项选择题

1. C；	2. A；	3. D；	4. A；	5. B；
6. C；	7. D；	8. C；	9. C；	10. C；
11. B；	12. A；	13. B；	14. C；	15. D；
16. B；	17. D；	18. C；	19. B；	20. B。

【解析】

1. C。本题考核的是路基工程主要机械设备的配置。对于土方开挖工程，选择的机械与设备主要有：推土机、铲运机、挖掘机、装载机和自卸汽车等；对于石方开挖工程，选择的机械与设备主要有：挖掘机、推土机、移动式空气压缩机、凿岩机、爆破设备等；对于土石填筑工程，选择的机械与设备主要有：推土机、铲运机、羊足碾、压路机、洒水车、平地机和自卸汽车等；对于路基整形工程，选择的机械与设备主要有：平地机、推土机和挖掘机等。

2. A。本题考核的是桥梁基础施工机械。B 选项错误，螺旋钻机用于灌注桩、深层搅拌桩、混凝土预制桩钻打结合法等工艺，适用土质的地质条件。D 选项错误，冲击钻机用于灌注桩钻孔施工，尤其在卵石、漂石地质条件下具有明显的优点。C 选项错误，回转斗钻机适用于除岩层外的各种土质地质条件。

3. D。本题考核的是软土的工程特性。软土是指天然含水率高、天然孔隙比大、抗剪强度低、压缩性高的细粒土，包括淤泥、淤泥质土、泥炭、泥炭质土等，故 A 选项错误。软土包括淤泥、淤泥质土、泥炭、泥炭质土等，故 B 选项错误。大部分软土的天然含水率 30%~70%，故 C 选项错误。修建在软土地区的路基，应充分考虑路堤填筑荷载引起软基滑动破坏的稳定问题和量大且时间长的沉降问题，故 D 选项正确。

4. A。本题考核的是灌砂法压实试验步骤。将基板放在平坦表面上，沿基板中孔凿洞，挖出材料后称重、测含水量。若测点表面粗糙，则先灌砂测出粗糙表面的耗砂量。灌砂完毕取走灌砂筒，称取剩余砂的质量，算出试坑消耗砂的质量。试验地点选一块平坦的表面，并将其清扫干净，其面积不得小于基板面积，故 A 选项错误。

5. B。本题考核的是水泥稳定土的种类。水泥稳定土包括水泥稳定级配碎石、未筛分碎石、砂砾、碎石土、砂砾土、煤矸石、各种粒状矿渣等，适用于各级公路的基层和底基层。

6. C。本题考核的是混合料的摊铺。摊铺机无法作业的地方，在监理工程师同意后采取人工摊铺施工。

7. D。本题考核的是路面内部排水系统的使用条件。路面内部排水系统的使用条件：

（1）年降水量为 600mm 以上的湿润和多雨地区，路基由渗水差的细粒土（渗透系数不大于 10^{-5}cm/s）组成的高速公路、一级公路或重要的二级公路。

（2）路基两侧有滞水，可能渗入路面结构内。

(3) 严重冰冻地区，路基由粉性土组成的潮湿、过湿路段。

(4) 现有路面改建或改善工程，需排除积滞在路面结构内的水分。

8. C。本题考核的是隧道施工防排水方法。洞内涌水或地下水位较高时，且影响隧道施工时，可采用井点降水法和深井降水法处理。

9. C。本题考核的是桥梁的组成。上部结构通常又称为桥跨结构，是在线路中断时跨越障碍的主要承重结构。

10. C。本题考核的是桥梁伸缩缝病害形成原因的施工因素。桥梁伸缩缝病害形成原因的施工因素包括：施工工艺缺陷；锚件焊接内在质量；赶工期忽视质量检查；伸缩装置两侧填充混凝土强度、养护时间、粘结性和平整度未能达到设计标准；伸缩缝安装不合格。

11. B。本题考核的是棚式明洞。能承受较大的垂直压力和侧压力为拱式明洞的作用。

12. A。本题考核的是公路工程标线施工技术要求。在标线工程正式开工前应进行实地试划试验。并非A选项所说的“试验室进行试划试验”。

13. B。本题考核的是石质路堑施工技术的开挖方式。B选项正确，钻爆开挖是当前广泛采用的开挖施工方法。

14. C。本题考核的是公路工程质量事故的等级划分。D选项错误，特别重大质量事故，是指造成直接经济损失1亿元以上的事故。A选项错误，重大质量事故，是指造成直接经济损失5000万元以上1亿元以下，或者特大桥主体结构垮塌、特长隧道结构坍塌，或者大型水运工程主体结构垮塌、报废的事故。B选项错误，一般质量事故，是指造成直接经济损失100万元以上1000万元以下，或者除高速公路以外的公路项目中桥或大桥主体结构垮塌、中隧道或长隧道结构坍塌，或者小型水运工程主体结构垮塌、报废的事故。

15. D。本题考核的是路面基层（底基层）施工中常见的质量控制关键点。路面施工机械设备配置与压实方案属于沥青混凝土路面施工中常见质量控制关键点。

16. B。本题考核的是预应力材料及预应力管道。进场检验时，同种材料、同一生产工艺条件下、同批进场的产品可视为同一验收批。锚具的每个验收批不宜超过2000套；夹具、连接器的每个验收批不宜超过500套；获得第三方独立认证的产品其验收批可扩大1倍。检验合格的产品，在现场的存放期超过1年时，再用时应进行外观检查。

17. D。本题考核的是按延误索赔结果划分工期延误的分类。关于本题我们应充分理解可原谅可补偿的延误，可原谅不可补偿的延误以及不可原谅的延误，三者的具体适用的情形。本题原因归属于承包商的原因，故不可原谅，不可补偿。

18. C。本题考核的是公路工程项目施工成本的控制方法。公路工程项目施工成本的控制方法包括：

(1) 以目标成本控制成本支出；

(2) 以施工方案控制资源消耗；

(3) 用净值法进行工期成本的同步控制；

(4) 运用目标管理控制工程成本；

(5) 降低公路工程项目施工成本的方法和途径。

19. B。本题考核的是边跨、中跨合龙段施工。悬臂浇筑边跨合龙施工流程图：施工准备及模架安装→设置平衡重→普通钢筋及预应力管道安装→合龙锁定→浇筑合龙段混凝土→预应力施工→拆模、落架。悬臂浇筑中跨合龙施工流程图：吊架及模板安装→设置平衡重→普通钢筋及预应力管道安装→合龙锁定→解除连续梁墩顶临时固结、完成体系转换→浇筑合龙段混凝土→预应力施工→拆除模板及吊架。

20. B。本题考核的是公路工程施工总承包企业承包工程范围。三级资质可承担二级标准以下公路、单座桥长500m以下，单跨跨度50m以下的桥梁工程的施工。

二、多项选择题

21. B、C、D、E；
22. A、B、D、E；
23. A、B、E；
24. A、B、C、D；
25. A、B、C、D；
26. B、C、D；
27. A、B、D、E；
28. D、E；
29. A、B、C、E；
30. A、C、D、E。

【解析】

21. B、C、D、E。本题考核的是特殊路基的种类。特殊路基主要有：滑坡地段路基、崩塌地段路基、岩堆地段路基、泥石流地段路基、岩溶地区路基、软土地区路基、红黏土与高液限土地区路基、膨胀土地区路基、黄土地区路基、盐渍土地区路基等。

22. A、B、D、E。本题考核的是锚杆挡土墙施工工序。锚杆挡土墙施工工序主要有基坑开挖→基础浇（砌）筑→锚杆制作→钻孔→锚杆安放与注浆锚固→肋柱和挡土板预制→肋柱安装→挡土板安装→墙后填料填筑与压实等。

23. A、B、E。本题考核的是填隙碎石的干法施工应符合的规定。填隙碎石的干法施工应符合的规定有：

（1）初压宜用两轮压路机碾压3~4遍，使集料稳定就位，初压结束时，表面应平整，并具有规定的路拱和纵坡。

（2）填隙料应采用石屑撒布机或类似的设备均匀地撒铺在已压稳的集料层上。松铺厚度宜为25~30mm，必要时，可用人工或机械扫匀。

（3）应采用振动压路机慢速碾压，将全部填隙料振入集料间的空隙中。无振动压路机时，可采用重型振动板。路面两侧宜多压2~3遍。

（4）再次撒布填隙料，松铺厚度宜为20~25mm，应用人工或机械扫匀等。

24. A、B、C、D。本题考核的是沥青路面粘层施工时的注意事项。喷洒表面一定清扫干净，并表面干燥。气温低于10℃时不得喷洒粘层油，寒冷季节施工不得不喷洒时可以分成两次喷洒。路面潮湿时不得喷洒粘层油。喷洒的粘层油必须成均匀雾状，在路面全宽度内均匀分布成一薄层，不得有洒花漏空或成条状，也不得有堆积。喷洒粘层油后，严禁运料车外的其他车辆和行人通过。E选项属于封层的施工注意事项。

25. A、B、C、D。本题考核的是桥梁附属设施。桥梁附属设施包括桥面系、伸缩缝、桥头搭板和锥形护坡等，桥面系包括桥面铺装（或称行车道铺装）、排水防水系统、栏杆（或防撞栏杆）、灯光照明等。E选项属于上部结构。

26. B、C、D。本题考核的是专项费用。施工场地建设费：按照工地建设标准化要求进行承包人驻地，工地试验室建设，办公、生活居住房屋和生产用房屋等费用；场区平整、场地硬化、排水、绿化、标志、污水处理设施、围墙隔离设施等费用，以及以上范围内各种临时工作便道、人行便道，工地临时用水、用电的水管支管和电线支线，临时构筑物、其他小型临时设施等的搭设或租赁、维修、拆除及清理的费用，但不包括红线范围内贯通便道、进出场的临时便道、保通便道。另外，还包括工地试验室所发生的属于固定资产的试验设备和仪器等折旧、维修或租赁费用以及施工扬尘污染防治措施费和文明施工、职工健康生活的费用。

27. A、B、D、E。本题考核的是粉煤灰等工业废渣。煤矸石、煤渣、高炉矿渣、钢渣及其他冶金矿渣等工业废渣可用于修筑基层或底基层，使用前应崩解稳定，且宜通过不同龄期条件下的强度和模量试验以及温度收缩和干湿收缩试验等评价混合料性能。

28. D、E。本题考核的是安全带使用的规定。安全带应高挂低用，并应扣牢在牢固的物体上，故A选项错误。严禁安全绳与悬吊绳共用连接器，故B选项错误。严禁安全绳用作悬吊绳，故C选项错误。

29. A、B、C、E。本题考核的是填石路基实测项目有：压实度、弯沉值、纵断高程、中线偏位、宽度、平整度、横坡、边坡坡度和平顺度。

30. A、C、D、E。本题考核的是需编制专项施工方案的大型临时工程。需编制专项施工方案的大型临时工程包括：

（1）围堰工程。

（2）各类工具式模板工程。

（3）支架高度不小于5m；跨度不小于10m；施工总荷载不小于10kN/m^2；集中线荷载不小于15kN/m。

（4）搭设高度24m及以上的落地式钢管脚手架工程；附着式整体和分片提升脚手工程；悬挑式脚手架工程；吊篮脚手架工程；自制卸料平台、移动操作平台工程；新型及异型脚手架工程。

（5）挂篮。

（6）便桥、临时码头。

（7）水上作业平台。

三、实务操作和案例分析题

（一）

1. 优先利用所有挖方的弃土作为填方利用（K18+315～K21+035挖方的弃土），不足部分用隧道洞碴（隧道1号、2号的弃碴）补足。

2. 事件1中本工程适宜采用的垫层：碎石垫层、石屑垫层。

事件1中本工程适宜采用的浅层处理方法：换填垫层、抛石挤淤。

3. 控制爆破方法：光面爆破、预裂爆破。

最大挖方路段宜设置为两级边坡。

4. A为自重；B为0.5m；C为3.0m。

5. 事件5中的错误：采用自重15t的振动压路机。

正确做法：填石路堤压实机械宜采用自重不小于18t的振动压路机。

（二）

1. 图中A是悬臂端托架，B是悬臂端底模板。

2. 施工单位在悬臂施工过程中不需要采取临时固结措施。因为本桥结构为连续刚构，结构本身具有一定的抗弯能力。

3. 事件2中，C是方案设计图、D是方案计算书。

专项施工方案审批流程错误。改正如下：专项方案编制完成后，应由施工单位技术部门组织本单位施工技术、安全、质量等部门的专业技术人员进行审核，由施工单位技术负责人签字。

4. 事件 3 的工艺流程中，E 是预压；F 是安装内侧模；G 是处理施工缝；H 是绑扎顶板、翼板钢筋。

5. 事件 4 中施工单位采用的塔吊和施工电梯属于特种设备。

特种设备持证有以下要求：设备的出厂合格证、检验合格证、使用地报检合格证、操作人员特殊工种证。

（三）

1. A 为中央分隔带，检测参数 3（最大干密度）用重型击实方法或振动压实方法。

2. 项目总工程师办公室、工地试验室、会议室。

3. B 为集料的级配试验；C 为生产配合比设计；D 为无机结合料剂量。

4. 不正确。错误之处：监理工程师审查试验报告后，即肯定并签认了施工单位的标准试验参数。

正确做法：监理工程师中心试验室应在承包人进行标准试验的同时或以后，平行进行复核（对比）试验，以肯定、否定或调整承包人标准试验的参数或指标。

5. 事件 4 中的正误判断及错误改正：

（1）错误。正确说法：应该加盖试验专用公章。

（2）正确。

（3）错误。正确说法：原始记录如果需要更改，作废数据应划两条水平线；并将正确数据填在上方，同时加盖更改人印章。

（四）

1. 梁场布置方案还应报监理工程师审批后才能实施。

梁板预制完成后，还应喷涂的标识有：张拉时间、施工单位、部位名称。

2. D：制梁区；E：存梁区；F：材料（钢筋）加工区。

在拌合楼旁应设置混凝土配合比牌、安全警告警示牌、操作规程标志牌。

3. 每片梁为一个流水段落，共 120 片，所以有 120−1＝119 个流水步距。

每个流水步距 $K=2$ 天。

所以预制总工期＝119×2+（2+2+6）＝248 天。

4. 25 号箱梁的混凝土取样试块按试验室标准养护条件与箱梁在预制台座上的现场养护条件不同（或：试件养护方式错误），当试块强度达到设计张拉强度时，试件强度与现场梁体强度不一致（或：梁的弹性模量可能尚未达到设计值），导致梁的起拱值偏大而出现预拱度偏差。

《公路工程管理与实务》

考前冲刺试卷（二）及解析

《公路工程管理与实务》考前冲刺试卷（二）

一、单项单选题（共20题，每题1分。每题的备选项中，只有1个最符合题意）

1. 设置于挖方地段和填土高度小于边沟深度的填方地段的排水设施是（　　）。

A. 截水沟　　B. 边沟

C. 排水沟　　D. 蒸发池

2. 单层横向全宽挖掘法适用于挖掘（　　）的土质路堑。

A. 浅且短　　B. 深且短

C. 长且一侧堑壁较薄　　D. 深且长

3. 锚杆挡土墙是利用锚杆与地层间的锚固力来维持结构物稳定的一种挡土结构物，其优点是（　　）。

A. 一种很好的抗震结构物

B. 大量开挖基坑，克服不良地基开挖的困难，并利于施工安全

C. 节约占地，造型美观

D. 结构重量轻，节约大量的圬工和节省工程投资

4. 路基行车带压实度不足的预防措施之一是，填土应水平分层填筑，分层压实，压实厚度通常不超过20cm，路床顶面最后一层通常不超过（　　）cm，且满足最小厚度要求。

A. 5　　B. 8

C. 10　　D. 15

5. 下列表述中，不符合无机结合料稳定基层（底基层）施工中，已整平材料含水率过小时，在土层上洒水闷料规定的是（　　）。

A. 采用普通路拌机械时，闷料时的洒水量宜较最佳含水率高2~3个百分点

B. 严禁洒水车在洒水段内停留和掉头

C. 对水泥稳定材料，应在摊铺水泥前闷料

D. 洒水应均匀

6. 混凝土路面施工时，横向胀缝应采用（　　）施工，也可采用预留一块面板，高温时再铺封。

A. 前置钢筋支架法　　B. 后置钢筋支架法

C. 不设传力杆法　　D. 钢支架拖挂法

7. 关于SMA路面接缝处理的说法中，错误的是（　　）。

A. SMA路面接缝处理较常规热拌沥青混合料要困难，因而施工中要尽可能避免冷接缝

B. 当采用两台摊铺机时的纵向接缝应采用冷接缝

C. 横向接缝应先处理原铺沥青路面

D. 不可避免冷接缝，应在施工完毕、路面尚未完全冷却前，用切割机切割好，然后用水将缝处冲刷干净，继续施工时，涂刷粘层油即可摊铺新混合料施工

8. 对于拱式桥，拱圈（或拱肋）各截面形心点的连线称为拱轴线，（　　）为拱轴线

两端点之间的水平距离。

A. 桥梁全长　　B. 净跨径

C. 计算跨径　　D. 总跨径

9. 下列表述中，不符合明挖扩大基础（基坑）施工一般规定的是（　　）。

A. 当基坑深度较大且坑壁土层不稳定时，可直接放坡开挖

B. 对危险性较大的基坑，除应按边开挖、边支护的原则进行施工外，尚应建立信息化实时监控系统，指导施工

C. 基坑施工前，应全面了解水文、地质、周边构筑物和地下管线等情况，确定开挖方式，制定专项施工方案

D. 放坡开挖工程量过大时，应按设计要求对坑壁进行支护

10. 关于箱涵施工的说法，正确的是（　　）。

A. 设计未规定时，预制构件的混凝土应达到设计强度的75%即可吊运、安装

B. 预制钢筋混凝土箱涵节段拼装时，接缝两侧的混凝土表面应用压缩空气吹净，再按设计要求进行拼接施工

C. 涵身混凝土现场浇筑不得分为两阶段施工

D. 设计无具体要求的，混凝土强度达到设计强度的85%时，方可拆除支架，达到设计强度的100%后，方可进行涵顶回填

11. 隧道围岩详细定级时，应对岩体基本质量指标进行修正的情况不包括（　　）。

A. 有地下水

B. 存在低初始应力

C. 围岩稳定性受软弱结构面影响，且由一组起控制作用

D. 存在高初始应力

12. 对存在直接定为（　　）的行为，招标人、项目法人或负责行业监管的相应地方人民政府交通运输主管部门发现后即报省级交通运输主管部门。

A. A 级　　B. B 级

C. C 级　　D. D 级

13. 下列流水参数中，不属于空间参数的是（　　）。

A. 流水强度　　B. 工作面

C. 施工段　　D. 施工层

14. 下列施工机械中，不适用于开挖沟的是（　　）。

A. 平地机　　B. 铲运机　　C. 推土机　　D. 挖掘机

15. 根据《公路工程建设项目招标投标管理办法》，公路工程建设项目在（　　），方可开展施工招标。

A. 施工许可证办理后　　B. 初步设计文件批准后

C. 可行性研究文件批准后　　D. 施工图设计文件批准

16. 工程变更通常实行分级审批管理制度，一般工程变更由（　　）签署工程变更令。

A. 驻地监理工程师　　B. 总监理工程师

C. 业主　　D. 国家计划主管部门

17. 关于公路工程公开开标的说法中，正确的是（　　）。

A. 开标应当在招标文件确定的提交投标文件截止时间后的第二天公开进行

B. 开标地点应当为招标文件中预先确定的地点

C. 投标人少于 5 个的，不得开标

D. 开标由投标人代表主持，邀请所有投标人参加

18. 关于项目部驻地选址的说法中，不正确的是（　　）。

A. 满足安全、实用、环保的要求，以节约成本为原则

B. 离集中爆破区 500m 以外

C. 不得占用独立大桥下部空间、河道、互通匝道区及规划的取、弃土场

D. 无高频、高压电源及油、气、化工等其他污染源

19. 下列机械中，（　　）一般适用于季节性较强、工程量集中、施工条件较差的施工环境。

A. 铲运机　　B. 挖掘机

C. 装载机　　D. 推土机

20. 根据《公路工程设计施工总承包管理办法》，可以作为总承包单位或总承包联合体成员单位的是（　　）。

A. 初步设计单位　　B. 施工图设计单位

C. 代建单位　　D. 监理单位

二、多项选择题（共 10 题，每题 2 分。每题的备选项中，有 2 个或 2 个以上符合题意，至少有 1 个错项。错选，本题不得分；少选，所选的每个选项得 0.5 分）

21. 关于弯沉值测试方法的特点，说法正确的是（　　）。

A. 贝克曼梁法可用于测定各类路基路面的回弹弯沉以评定其整体承载能力

B. 自动弯沉仪法属于动态无损检测

C. 自动弯沉仪法其应用范围主要是在路面养护管理方面

D. 落锤弯沉仪（FWD）法属于静态试验范畴

E. 落锤弯沉仪（FWD）法具有无破损、测速快、精度高等优点

22. 关于超挖回填，下列说法符合设计规定的是（　　）。

A. 边墙部位超挖，可采用混凝土回填

B. 边墙部位超挖，可采用喷射混凝土回填

C. 拱部坍塌形成的超挖处理应编制方案，并经审批后的按方案处理

D. 沿设计轮廓线的均匀超挖，无钢架时，可采用喷射混凝土回填

E. 局部超挖，超挖量不超过 500mm 时，宜采用喷射混凝土回填密实

23. 击实试验法计算各试样干密度，以干密度为纵坐标，含水量为横坐标绘制曲线，曲线上峰值点的纵、横坐标分别为（　　）。

A. 最小干密度　　B. 松铺厚度

C. 压实厚度　　D. 最佳含水量

E. 最大干密度

24. 水泥混凝土路面横向裂缝的预防措施包括（　　）。

A. 严格掌握混凝土路面的切缝时间、切缝方式和切缝深度

B. 选用干缩性较小的硅酸盐水泥或普通硅酸盐水泥

C. 当连续浇捣长度很长，切缝设备不足时，可在 1/2 长度处先锯，之后再分段锯

D. 对于填方路基，应分层填筑、碾压，保证均匀、密实

E. 宜优先采用水泥、石灰稳定类基层

25. 路面表面防排水设施由（　　）等组成。

A. 路拱横坡　　B. 路肩横坡

C. 垫层　　D. 拦水带

E. 渗沟

26. 水泥稳定碎石基层施工，确定每日施工作业段长度，宜综合考虑的因素有（　　）。

A. 施工机械的生产效率和数量

B. 施工人员数量及操作熟练程度

C. 增加施工接缝的数量

D. 施工季节和气候条件

E. 水泥的初凝时间和延迟时间

27. 隧道水害的预防措施包括（　　）。

A. 因势利导，给地下水以排走的出路，将水迅速地排到洞外

B. 将流向隧道的水源截断，或尽可能使其水量减少

C. 堵塞衬砌背后的渗流水，集中引导排出

D. 合理选择防水材料

E. 控制水泥用量

28. 防撞筒的主要作用是（　　）。

A. 保证公路的正常运营　　B. 警示和缓冲击

C. 诱导视线　　D. 减轻事故车辆及人员的损伤程度

E. 吸收能量

29. 除合同特殊约定单独计量之外，一般不单独计量支付的项目有（　　）。

A. 桥梁橡胶支座　　B. 模板

C. 脚手架　　D. 装备、机具

E. 垫圈和钢制件

30. 公路工程竣工验收应具备的条件包括（　　）。

A. 通车试运营1年以上

B. 竣工验收提出的工程质量缺陷等遗留问题已全部处理完毕，并经监理工程师验收合格

C. 各参建单位完成工作总结报告

D. 档案、环保等单项验收合格，土地使用手续已办理

E. 质量监督机构对工程质量检测鉴定合格，并形成工程质量鉴定报告

三、实务操作和案例分析题（共4题，每题20分）

（一）

背景资料：

南方平原地区某一快速通道公路位于滨海区域，气候多雨，公路起讫桩号为K0+000～K30+000，线形平顺，双向六车道，无中央分隔带。行车道总宽度为B，每个车道宽度为3.75m。该公路为旧路改建，设计标高为公路中线位置。该工程采用柔性路面面层，基层采用半刚性基层，路面结构设计示意图如图1所示。为加强路面横向排水，路面横坡采用改

进的三次抛物线形路拱，平均路拱横坡 $i=2\%$，路拱大样示意图及其计算公式如图 2 所示。

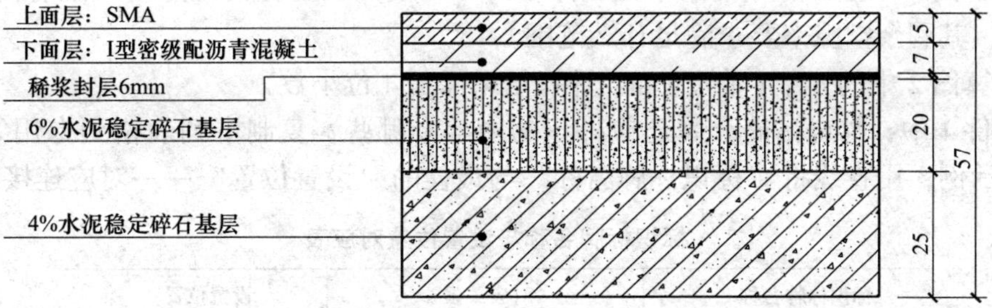

说明：本图尺寸单位均以cm计。

图 1　路面结构设计示意图

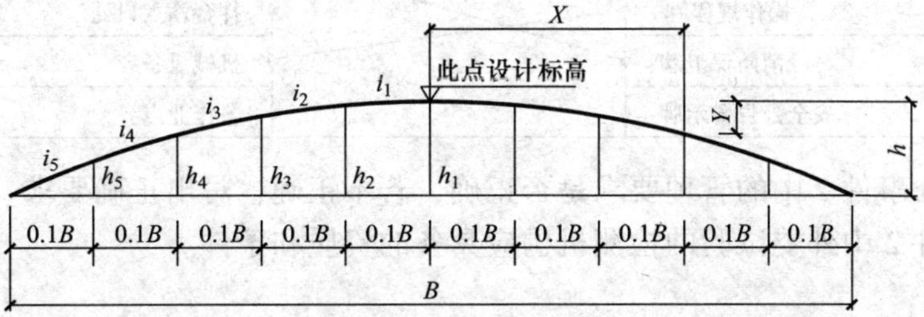

改进的三次抛物线型路拱的计算公式为：

$$Y=\frac{4h}{B^3}X^3+\frac{h}{B}X$$

其中：B——行车道总宽度(m)；

h——行车道路拱的竖向高度，$h=B\times i/2$(m)；

X——距离行车道中心的横向距离(m)；

Y——对应X值的纵坐标(m)。

图 2　抛物线形路拱大样示意图

施工过程中发生了如下事件：

事件 1：施工单位按公路工程施工标准化的要求，修建了沥青混合料拌合站，占地面积 $4500m^2$，配置了 1 台拌合机、3 个沥青罐、冷热集料仓各 5 个。按施工标准化要求设置了下列标识标牌：拌合站简介牌、混合料配合比牌、材料标识牌、操作规程牌、消防保卫牌、安全警告警示牌。拌合站简介牌应标识的主要内容有：供应主要构造物情况及质量保证体系。拌合站采用封闭式管理，四周设置围墙及排水沟，入口处设置彩门及值班室。

事件 2：施工单位依托母体试验室组建了工地试验室，母体试验室具有交通运输部公路水运工程试验检测机构等级证书中的综合乙级资质证书。为加强工地试验室外委管理，要求外委试验的检测机构应具备相应的资质和条件，工地试验室应将其有关证书复印件存档备案，施工单位还制定了如下管理要求：

（1）工地试验室超出母体检测机构授权范围的试验检测项目和参数，必须进行外委，外委试验应向监理单位报备；

（2）外委试验取样、送样过程应进行见证，工地试验室应对外委试验结果进行确认；

（3）工程建设项目的同一合同段中的施工、监理单位和检测机构应该将外委试验委托给同一家检测机构。

问题：

1. 写出图 1 中上面层结构的中文名称；图 1 中下面层沥青混凝土的级配有何特点？该层压实后，其剩余空隙率要求满足什么范围？

2. 计算图 2 中的 h_3。（单位：m，计算结果保留 4 位小数）

3. 事件 1 中，拌合站简介牌还应标识的内容有哪些？复制下列表格到专用答题卡上，并按表中示例，用直线将“标识标牌名称”与最佳的“设置位置”一一对应连接起来。

标识标牌名称与设置位置对应表

标识标牌名称	对应关系	设置位置
拌合站简介牌		拌合楼旁
混合料配合比牌		材料堆放处
材料标识牌		场内醒目位置
操作规程牌		拌合站入口处
消防保卫牌		机械设备旁
安全警告警示牌		各作业点

4. 逐条判断事件 2 中的管理要求是否正确，若不正确，写出正确要求。

5. 写出事件 2 中外委试验的检测机构应具备的资质和条件。

（二）

背景资料：

某施工单位承建了某一级公路工程，起讫桩号 K6+000～K16+000，其中 K12+420～K12+540 为一座钻孔灌注桩箱型梁桥。路线施工总平面布置示意图如图 1 所示，拟建公路旁边修建了生产区、承包人驻地及汽车临时便道等，K7+000～K15+000 段的汽车临时便道共 9.3km，K6+000～K7+000 及 K15+000～K16+000 段的汽车临时便道紧靠拟建公路并与拟建公路平行。桥梁东西两端路基土方可调配，桩号 K14+300 附近有一免费弃土坑。废弃

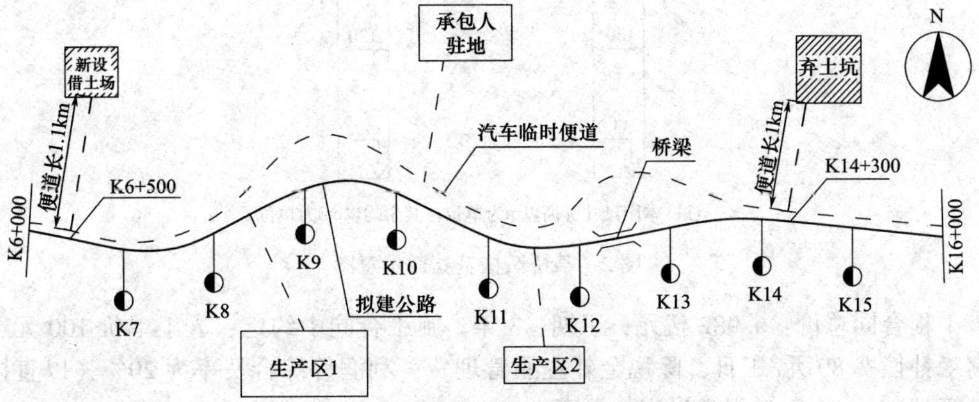

图 1　路线施工总平面布置示意图

在 K7+000～K15+000 挖填土石方调配完毕后，针对 K6+000～K7+000（填方路段）和 K15+000～K16+000（挖方路段），有如下两种路基土方调配方案：

方案一：K15+000～K16+000 挖土方作为远运利用方调配至 K6+000～K7+000 填筑。

方案二：K6+000～K7+000 填筑土方从桩号 K6+500 附近新设借土场借土填筑。

针对以上两种方案，各分项综合单价见下表。

各分项综合单价表

序号	分项名称	综合单价（元/m^3）
1	挖掘机挖装土方	4
2	自卸汽车运土方第 1km	7
3	自卸汽车运土方每增运 0.5km	1
4	借土场修建费（折算至每一挖方量综合单价）	4
5	借土场资源费	3

注：当汽车运输超过第 1km，其运距尾数不足 0.5km 的半数时不计，等于或超过 0.5km 的半数时按增运 0.5km 计算。

大桥钻孔灌注桩共 20 根，桩长均相同，某桥墩桩基立面示意图如图 2 所示，护筒高于原地面 0.3m。现场一台钻机连续 24h 不间断钻孔，每根桩钻孔完成后立即清孔、安放钢筋笼并灌注混凝土，钻孔速度为 2m/h，清孔、安放钢筋笼、灌注混凝土及其他辅助工作综合施工速度为 3m/h。为保证灌注桩质量，每根灌注桩比设计桩长多浇筑 1m，并凿除桩头。

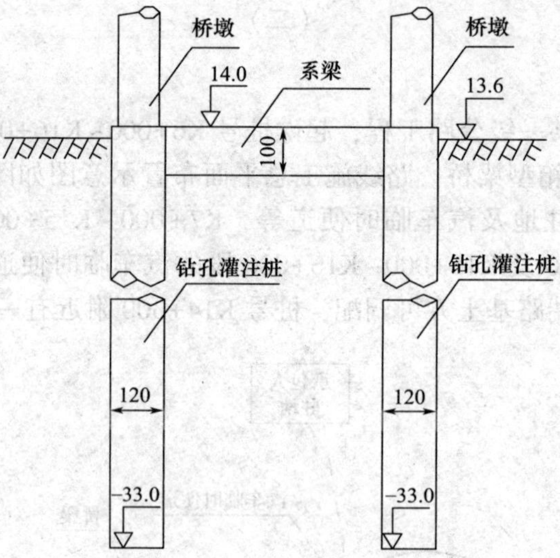

注：本图尺寸标高以m为单位，其余均以cm为单位。

图 2　某桥墩桩基立面示意图

该工程合同总价：6.982 亿元，工期：3 年。施工合同中约定，人工单价 100 元/工日，人工窝工补偿费 80 元/工日，除税金外企业管理费、利润等综合费率为 20%（以直接工程费为计算基数）。施工过程中发生如下事件：

事件 1：施工单位根据《公路水运工程安全生产监督管理办法》进行了如下安排：

（1）第一年计划完成施工产值 2.1 亿元，为保证安全生产，设置了安全生产管理机构，并配备了 3 名专职安全生产管理人员；

（2）依据风险评估结论，对风险等级较高的分部分项工程编制专项施工方案，并附安全验算结果，经施工单位技术负责人签字后报监理工程师批准执行。

事件 2：灌注桩钻孔过程中发现地质情况与设计勘察地质情况不同，停工 12 天，导致人工每天窝工 8 工日，机械窝工费 1000 元/天，停工期间施工单位配合设计单位进行地质勘探用工 10 工日；后经设计变更每根灌注桩增长 15m（原工期计划中，钻孔灌注桩施工为非关键工序，总时差 8 天）。

事件 3：施工单位加强质量管理，根据《公路工程质量检验评定标准 第一册 土建工程》JTG F80/1—2017，对钻孔灌注桩设置质量检验的实测项目包括：桩位、孔径、孔深、混凝土强度和沉淀厚度。

事件 4：钻孔灌注桩施工中，为保证隐蔽工程施工质量，各工序施工班组在上下班交接前均对当天完成的工程质量进行检查，对不符合质量要求及时纠正，每道工序完成后由监理工程师检查认可后，方能进行下道工序。钻孔灌注桩混凝土浇筑完成后用无破损法进行了检测，监理工程师对部分桩质量有怀疑，要求施工单位再采取 A 方法对桩进行检测。

问题：

1. 分别计算路基土方调配方案一和方案二综合单价，根据施工经济性选择出合理方案。(计算结果保留整数)

2. 根据《公路工程标准施工招标文件》，计算图 2 桥墩桩基单根桩最终计量支付长度

（计算结果保留 1 位小数）。

3. 事件 1 中，逐条判断施工单位做法是否正确？并改正错误。

4. 针对事件 2，计算工期延长的天数。除税金外可索赔窝工费和用工费各多少元？（计算结果保留 1 位小数）

5. 针对事件 3，补充钻孔灌注桩质量检验的实测项目。

6. 针对事件 4，写出 A 方法的名称。事件 4 中的一些工作反映了隐蔽工程“三检制”的哪一检工作？还缺少哪两检工作？

（三）

背景资料：

某三级公路，起讫桩号为K0+000～K5+300，双向两车道，路面结构形式为水泥混凝土路面。由于当地旅游经济的发展，此三级公路已发展为重要的旅游支线公路。通车10年后，路面发生局部网状开裂、纵向裂缝等病害。具有相应检测资质的检测单位采用探地雷达、（C）对水泥混凝土板的脱空和结构层的均匀情况、路面承载能力进行检测评估。设计单位根据检测评估结果对该路段进行路面改造方案设计。经专家会讨论，改造路面的结构形式决定采用原水泥混凝土路面破碎后加铺沥青混凝土面层的路面结构形式，如下图所示。施工中发生如下事件：

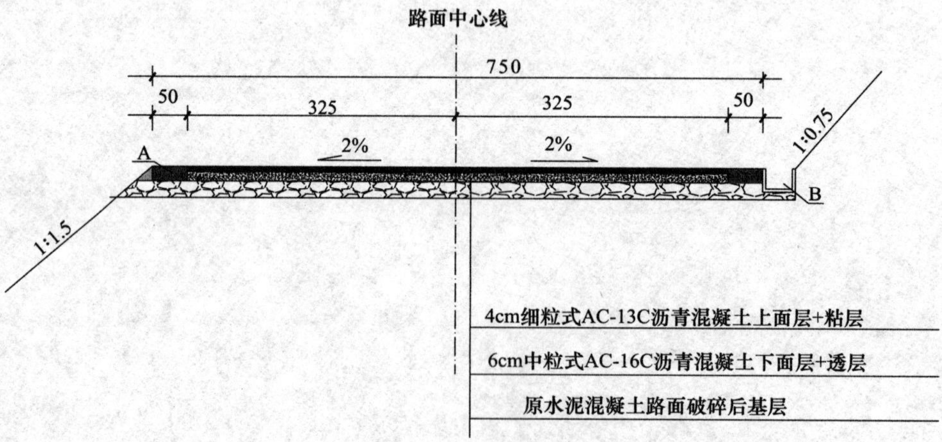

注：图中单位以cm计。

三级公路沥青混凝土路面结构图

事件1：改造路段中的K1+000～K1+600为滑坡、落石等不良地质路段，施工单位针对此路段的边坡防护编制了专项施工方案，并组织专家对边坡专项施工方案进行了论证。

事件2：施工单位对破碎后的水泥混凝土路面采用Z型压路机振动压实2～3遍，测标高并进行级配碎石调平，检测平整度。光轮压路机压实3～4遍，压实速度不超过5km/h。

事件3：水泥混凝土路面破碎颗粒粒径满足要求并压实后，施工单位用智能洒布车均匀洒布乳化沥青做透层。洒布施工中发现局部有花白遗漏现象。

事件4：沥青混凝土面层铺装后，施工单位会同监理单位对沥青混凝土路面平整度、弯沉值、渗透系数、抗滑（含摩擦系数和构造深度）、中线平面偏位、纵断高程、路面宽度及路面横坡进行了实测。

问题：

1. 写出图中A、B以及背景资料中C的名称。
2. 事件1中，施工单位针对不良地质路段编制的专项施工方案应该包括哪些内容？
3. 说明事件2中水泥混凝土路面破碎后进行压实的主要作用。
4. 针对事件3中的花白遗漏处应如何处理？透层油还可选择哪些类型的沥青？
5. 补充事件4中沥青混凝土面层质量检验的实测项目。

（四）

背景资料：

某高速公路隧道为双向四车道分离式隧道，隧道右线长 1618m，左线长 1616m，设计净空宽度 10.8m，净空高度 6.6m，设计车速 80km/h。该隧道围岩主要为Ⅳ级，采用复合式衬砌，衬砌断面设计如图 1 所示。

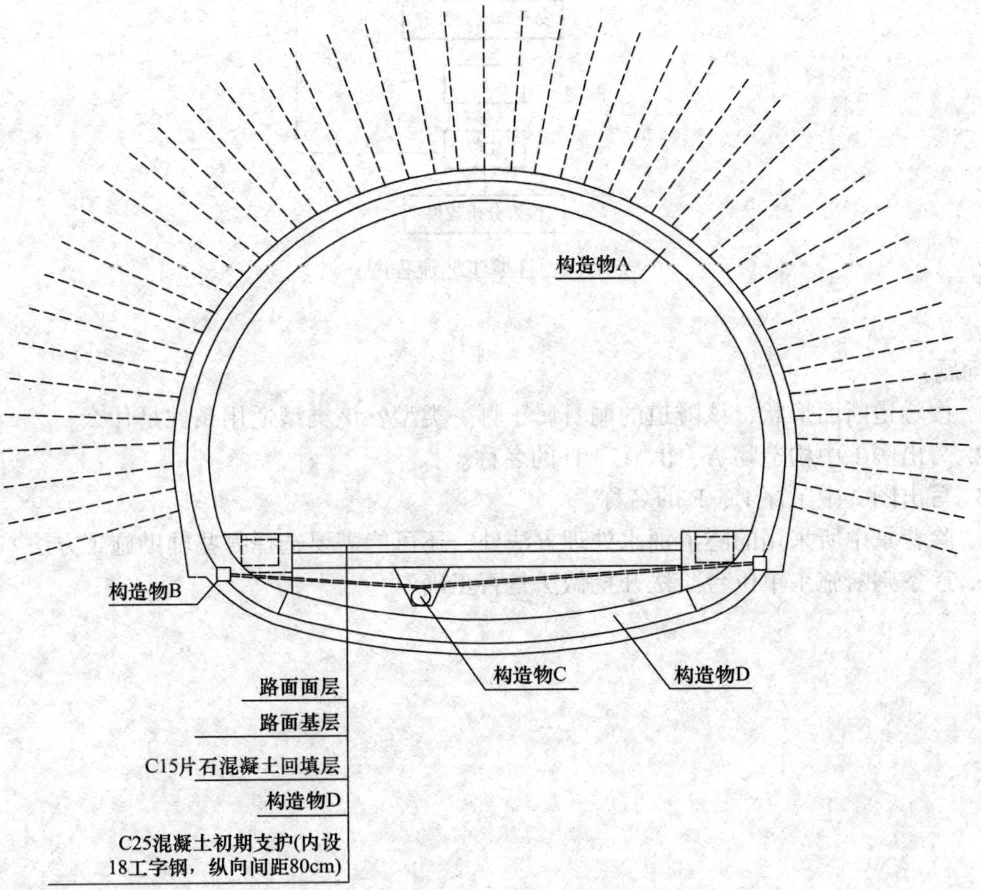

图 1　复合式衬砌断面示意图

隧道穿越岩溶区，地表水、地下水丰富，开挖过程中发现不同程度的渗水和涌水，为保证隧道施工安全，施工单位对隧道渗水和涌水采用超前小导管预注浆进行止水处理，注浆工艺流程如图 2 所示。

隧道采用台阶法开挖，施工单位做法如下：

（1）上台阶开挖，掌子面距初期支护距离为 3m；

（2）下台阶开挖，掌子面距初期支护距离为 4m；

（3）仰拱每循环开挖长度为 3m；

（4）仰拱与掌子面的距离为 120m；

（5）下台阶在上台阶喷射混凝土强度达到设计强度的 70%后开挖。

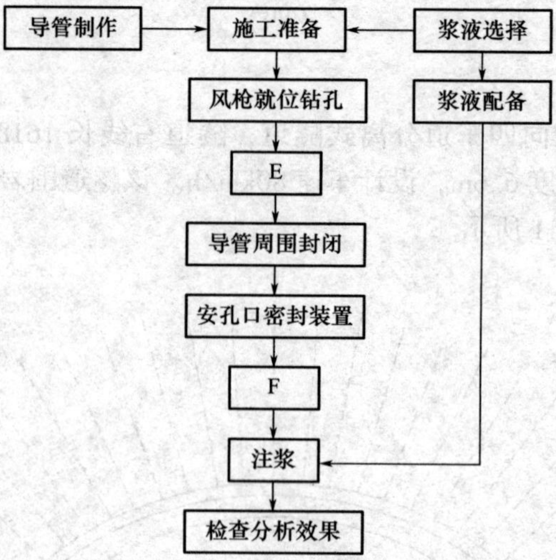

图 2　注浆工艺流程图

问题：

1. 按隧道断面形状，该隧道的洞身属于哪一类型？该类型适用条件是什么？
2. 写出图 1 中构造物 A、B、C、D 的名称。
3. 写出图 2 中工序 E、F 的名称。
4. 除背景中所采用的隧道涌水处理方法外，还可能需要选择哪些辅助施工方法？
5. 逐条判断施工单位台阶法开挖做法是否正确？

考前冲刺试卷（二）参考答案及解析

一、单项选择题

1. B；	2. A；	3. D；	4. D；	5. A；
6. A；	7. B；	8. C；	9. A；	10. D；
11. B；	12. D；	13. A；	14. B；	15. D；
16. B；	17. B；	18. A；	19. D；	20. B。

【解析】

1. B。本题考核的是边沟的施工要点。挖方地段和填土高度小于边沟深度的填方地段均应设置边沟。

2. A。本题考核的是单层横向全宽挖掘法。横向挖掘法包括适用于挖掘浅且短的路堑的单层横向全宽挖掘法和挖掘深且短的路堑的多层横向全宽挖掘法。

3. D。本题考核的是锚杆挡土墙。锚杆挡土墙的优点是结构重量轻，节约大量的圬工和节省工程投资；利于挡土墙的机械化、装配化施工，提高劳动生产率；少量开挖基坑，克服不良地基开挖的困难，并利于施工安全。

4. D。本题考核的是路基行车带压实度不足的预防措施。路基行车带压实度不足的预防措施之一是：填土应水平分层填筑，分层压实，压实厚度通常不超过 20cm，路床顶面最后一层通常不超过 15cm，且满足最小厚度要求。

5. A。本题考核的是无机混合料人工拌合的要点。无机混合料人工拌合过程中，已整平材料含水率过小时，应在土层上洒水闷料，且应符合下列规定：

（1）洒水应均匀；

（2）严禁洒水车在洒水段内停留和掉头；

（3）采用高效率的路拌机械时，闷料时宜一次将水洒够；

（4）采用普通路拌机械时，闷料时的洒水量宜较最佳含水率低 2~3 个百分点；

（5）细粒材料应经一夜闷料，中粒和粗粒材料可视其中细粒材料的含量，缩短闷料时间；

（6）对综合稳定材料，应先将石灰和土拌合后一起闷料；

（7）对水泥稳定材料，应在摊铺水泥前闷料。

6. A。本题考核的是横缝设置与施工。横向胀缝应采用前置钢筋支架法施工，也可采用预留一块面板，高温时再铺封。

7. B。本题考核的是 SMA 路面接缝处理。SMA 路面接缝处理较常规热拌沥青混合料要困难，因而施工中要尽可能避免冷接缝。如不可避免冷接缝，应在施工完毕、路面尚未完全冷却前，用切割机切割好，然后用水将缝处冲刷干净，继续施工时，涂刷粘层油即可摊铺新混合料施工。当采用两台摊铺机时的纵向接缝应采用热接缝。横向接缝应先处理原铺沥青路面。

8. C。本题考核的是桥梁的计算跨径。计算跨径：对于具有支座的桥梁，是指桥跨结构相邻两个支座中心之间的距离，用 l 表示。对于拱式桥，拱圈（或拱肋）各截面形心点的连线称为拱轴线，计算跨径为拱轴线两端点之间的水平距离。

9. A。本题考核的是明挖扩大基础（基坑）施工的一般规定。当基坑深度较小且坑壁土层稳定时，可直接放坡开挖，故 A 选项错误。

10. D。本题考核的是箱涵施工。设计未规定时，预制构件的混凝土应达到设计强度的 85%方可吊运、安装，故 A 选项错误。预制钢筋混凝土箱涵节段拼装时，接缝两侧的混凝土表面应用清水冲洗干净，再按设计要求进行拼接施工，故 B 选项错误。就地浇筑的箱涵可视具体情况分阶段施工，故 C 选项错误。

11. B。本题考核的是围岩详细定级时，应对岩体基本质量指标进行修正的情形。围岩详细定级时，如遇下列情况之一，应对岩体基本质量指标进行修正：

（1）有地下水；

（2）围岩稳定性受软弱结构面影响，且由一组起控制作用；

（3）存在高初始应力。

12. D。本题考核的是公路施工企业信用评价规则。公路施工企业信用评价等级分为 AA、A、B、C、D 五个等级，各信用等级对应的企业评分 X 分别为：

AA 级：95 分≤X≤100 分，信用好；

A 级：85 分≤X<95 分，信用较好；

B 级：75 分≤X<85 分，信用一般；

C 级：60 分≤X<75 分，信用较差；

D 级：X<60 分，信用差。

对存在直接定为 D 级或降级的行为，招标人、项目法人或负责行业监管的相应地方人民政府交通运输主管部门发现后即报省级交通运输主管部门。自省级交通运输主管部门认定之日起企业在该省信用评价等级为 D 级或降一等级。

13. A。本题考核的是公路工程的空间参数。公路工程的空间参数：工作面 A、施工段 m、施工层。

14. B。本题考核的是土方机械及其适用范围。平地机主要用于路基、砂砾路面的整平及土方工程中场地整形和平地作业，还可用于修整路基的横断面，修刮路堤和路堑的边坡、开挖边沟和路槽等。铲运机主要用于中距离的大规模土方转运工程，故 B 选项不适用于开挖沟。推土机主要用于 50～100m 短距离作业，如路基修筑、基坑开挖、平整场地、清除树、推集石碴等，并可为铲运机与挖装机械松土和助铲及牵引各种拖式工作装置等作业。挖掘机械主要用于土石方的挖掘装载，包括单斗挖掘机和多斗（轮斗式）挖掘机，各种挖掘机械都安装挖斗。

15. D。本题考核的是公路工程施工招标的条件。《公路工程建设项目招标投标管理办法》规定，公路工程建设项目履行项目审批或者核准手续后，方可开展勘察设计招标；初步设计文件批准后，方可开展施工监理、设计施工总承包招标；施工图设计文件批准后，方可开展施工招标。

16. B。本题考核的是一般工程变更的审批程序。一般工程变更的审批程序中，工程变更令由总监理工程师签署。

17. B。本题考核的是公路工程的公开开标。开标应当在招标文件确定的提交投标文件截止时间的同一时间公开进行，故 A 选项错误。投标人少于 3 个的，不得开标，故 C 选项错误。开标由招标人主持，邀请所有投标人参加，故D选项错误。

18. A。本题考核的是项目部驻地选址的要求。项目部驻地选址的要求：

（1）满足安全、实用、环保的要求，以工作方便为原则，具备便利的交通条件和通电、通水、通信条件。

（2）用地合法，周围无塌方、滑坡、落石、泥石流、洪涝等自然灾害隐患，无高频、高压电源及油、气、化工等其他污染源。

（3）离集中爆破区500m以外，不得占用独立大桥下部空间、河道、互通匝道区及规划的取、弃土场。

（4）进场前组织相关人员按照施工、安全和环保的要求进行现场勘察，编制选址方案。

19. D。本题考核的是土方机械的适用。推土机一般适用于季节性较强、工程量集中、施工条件较差的施工环境。

20. B。本题考核的是总承包单位应当具备的要求。总承包单位（包括总承包联合体成员单位）不得是总承包项目的初步设计单位、代建单位、监理单位或以上单位的附属单位。本题可以选择排除法进行解答。

二、多项选择题

21. A、E；　22. A、C；　23. D、E；

24. A、B、C；　25. A、B、D；　26. A、B、D、E；

27. A、B、C、D；　28. B、C、D、E；　29. B、C、D、E；

30. C、D、E。

【解析】

21. A、E。本题考核的是弯沉检测。A、E选项正确，贝克曼梁法属于传统检测方法，速度慢，静态测试，试验方法成熟，目前为规范规定的标准方法。可用于测定各类路基路面的回弹弯沉以评定其整体承载能力。自动弯沉仪法属于静态试验范畴，但测定的是总弯沉，因此使用时应采用贝克曼梁法进行标定换算。它可对进行高密集点的强度测量，适用于路基路面施工质量控制、验收和路面养护管理。落锤弯沉仪（FWD）法属于动态无损检测，使用时应采用贝克曼梁法进行标定换算。它具有无破损、测速快、精度高等优点，并很好地模拟了行车荷载作用，检测结果为弯沉盆数据。其应用范围主要是在路面养护管理方面。

22. A、C。本题考核的是公路隧道超欠挖控制。A、C选项正确，超挖应回填密实。超挖回填应符合设计规定，设计没有规定时应符合下列规定：（1）拱部坍塌形成的超挖处理应编制方案，经审批后的按方案处理；（2）沿设计轮廓线的均匀超挖，有钢架时，可采用喷射混凝土回填，或增大钢架支护断面尺寸，使钢架贴近开挖轮廓，在施工二次衬砌时，以二次衬砌混凝土回填；无钢架时，可在施工二次衬砌时，以二次衬砌混凝土回填；（3）局部超挖，超挖量不超过200mm时，宜采用喷射混凝土回填密实；（4）边墙部位超挖，可采用混凝土或片石混凝土回填。

23. D、E。本题考核的是击实试验法。击实试验法计算各试样干密度，以干密度为纵坐标，含水量为横坐标绘制曲线，曲线上峰值点的纵、横坐标分别为最大干密度和最佳含水量。

24. A、B、C。本题考核的是水泥混凝土路面横向裂缝的预防措施。严格掌握混凝土路面的切缝时间、切缝方式和切缝深度。选用干缩性较小的硅酸盐水泥或普通硅酸盐水泥。

当连续浇捣长度很长，切缝设备不足时，可在 1/2 长度处先锯，之后再分段锯；可间隔几十米设一条压缝，以减少收缩应力的积聚。D、E 选项属于水泥混凝土路面纵向裂缝的预防措施。

25. A、B、D。本题考核的是路面防、排水施工技术。路面表面防排水设施由路拱横坡、路肩坡度、拦水带等组成。

26. A、B、D、E。本题考核的是合理确定每日施工作业段长度。合理确定每日施工作业段长度，宜综合考虑下列因素：

（1）施工机械和运输车辆的生产效率和数量；

（2）施工人员数量及操作熟练程度；

（3）施工季节和气候条件；

（4）水泥的初凝时间和延迟时间；

（5）减少施工接缝的数量。

27. A、B、C、D。本题考核的是隧道水害的预防措施。隧道水害的预防措施：

（1）因势利导，给地下水留以可排走的通道，将水迅速地排到洞外；

（2）将流向隧道的水源截断，或尽可能使其水量减少；

（3）堵塞衬砌背后的渗流水，集中引导排出；

（4）合理选择防水材料；严格施工工艺。

28. B、C、D、E。本题考核的是防撞筒的主要作用。防撞筒的主要作用是起到警示和减缓冲击作用，吸收能量，减轻事故车辆及人员的损伤程度，同时也有诱导视线的作用。

29. B、C、D、E。本题考核的是工程量计量总原则。除合同特殊约定单独计量之外，全部必需的模板、脚手架、装备、机具、螺栓、垫圈和钢制件等其他材料，应包括在工程量清单中所列的有关支付项目中，均不单独计量。

30. C、D、E。本题考核的是公路工程竣工验收应具备的条件。公路工程竣工验收应具备的条件：

（1）通车试运营 2 年以上；

（2）交工验收提出的工程质量缺陷等遗留问题已全部处理完毕，并经项目法人验收合格；

（3）工程决算编制完成，竣工决算已经审计，并经交通运输主管部门或其授权单位认定；

（4）竣工文件已完成“公路工程项目文件归档范围”的全部内容；

（5）档案、环保等单项验收合格，土地使用手续已办理；

（6）各参建单位完成工作总结报告；

（7）质量监督机构对工程质量检测鉴定合格，并形成工程质量鉴定报告。

三、实务操作和案例分析题

（一）

1. SMA 的中文名称为：沥青玛瑞脂碎石混合料。

下面层沥青混凝土的级配特点：颗粒级配连续、相互嵌挤密实。

剩余空隙率 3%~6%（行车道路 2%~6%）。

2. $B=3.75\times6=22.5\text{m}$，$h=22.5\times2\%/2=0.225\text{m}$，$X=0.2\times22.5=4.5\text{m}$。

$$Y=\frac{4h}{B^3}X^3+\frac{h}{B}X$$

$=4\times0.225/22.5^3\times4.5^3+0.225/22.5\times4.5=0.0522\text{m}$。

$h_3=h-Y=0.225-0.0522=0.1728\text{m}$。

3. 拌合站简介牌还应标识的内容有：拌合的数量、安全保障体系。

标识标牌名称与设置位置对应表

标识标牌名称	对应关系	设置位置
拌合站简介牌		拌合楼旁
混合料配合比牌		材料堆放处
材料标识牌		场内醒目位置
操作规程牌		拌合站入口处
消防保卫牌		机械设备旁
安全警告警示牌		各作业点

4. 事件 2 中的管理要求正确与否的判断及正确要求：

（1）错误。正确要求：外委试验应向项目建设单位报备。

（2）正确。

（3）错误。正确要求：同一合同段中的施工，监理和检测机构不得将外委试验委托给同一家检测机构。

5. 应取得《公路水运工程试验检测机构等级证书》（含相应参数），通过计量认证（含相应参数）且上年度信用等级为 B 级及以上。

（二）

1. 路基土方调配方案一的综合单价：$4+7+1\times19=30$ 元/m³。

路基土方调配方案二的综合单价：$4+7+1\times2+4+7+1+4+3=32$ 元/m³。

根据经济性选择的方案为方案一。

2. 该桥墩桩基单根灌注桩最终计量支付长度为：$14-1+33+15=61\text{m}$。

3. 事件 1 中，施工单位做法正确与否的判断及错误改正：

（1）错误。改正：将"并配备了 3 名专职安全生产管理人员"更改为"应配备专职安全生产管理人员不少于 5 名，且按专业配备"。

（2）正确。

4. 针对事件 2，工期延长的天数为：$12+(15\times20/2+15/3)/24-8=10.5$ 天。

除税金外可索赔窝工费：$8\times12\times80+1000\times12=19680$ 元。

除税金外可索赔用工费：$10\times100\times(1+20\%)=1200$ 元。

5. 该桥梁工程钻孔灌注桩质量检验应补充的实测项目：钻孔倾斜度、桩身完整性。

6. 事件 4 中，A 方法的名称为：钻取芯样。

事件 4 中的一些工作反映的是隐蔽工程"三检制"中的自检工作，其还缺少的工作为：互检和专检（或交接检）两检工作。

（三）

1. 图中 A 为路肩；图中 B 为边沟；背景资料中 C 的名称为弯沉仪。

2. 事件1中，施工单位针对不良地质路段编制的专项施工方案包括：（1）工程概况；（2）编制依据；（3）施工计划；（4）施工工艺技术；（5）施工安全保证措施；（6）劳动力计划；（7）计算书及图纸。

3. 事件2中，水泥混凝土路面破碎后进行压实的主要作用有：

（1）水泥混凝土路面颗粒进一步破碎；

（2）稳固下层块料；

（3）为新铺沥青面层提供一个平整的表面。

4. 事件3中的路面存在花白遗漏处应人工补洒。

事件3中的路面透层油还可选择的有：液体沥青和煤沥青。

5. 事件4中，沥青混凝土面层质量检验的实测项目还有：沥青混凝土面层的厚度和压实度。

（四）

1. 按隧道断面形状，该隧道的洞身属于曲墙式。该类型洞身适用于地质条件较差，有较大水平围岩压力的情况。

2. 构造物A为二次衬砌；B为排水盲沟；C为中心排水管沟；D为仰拱。

3. 工序E为安装导管；工序F为注浆管路安装。

4. 还需要的辅助施工方法：超前钻孔或辅助坑道排水；超前围岩预注浆堵水；井点降水及深井降水。

5. 第（1）条错误。

第（2）条错误。

第（3）条正确。

第（4）条错误。

第（5）条正确。

《公路工程管理与实务》

考前冲刺试卷（三）及解析

《公路工程管理与实务》考前冲刺试卷（三）

一、单项单选题（共20题，每题1分。每题的备选项中，只有1个最符合题意）

1. 某三级公路路基K11+300~K11+420段为一跨越深谷的高填方路堤，沟谷陡峻，机械无法进入谷底，对该路堤主要采用（　）填筑。

A. 水平分层填筑法　　B. 竖向填筑法

C. 纵向分层填筑法　　D. 纵向分层与水平分层交替填筑法

2. 仅可用于竖向钢筋的连接，不得用作水平钢筋和斜筋的连接的是（　）。

A. 电弧焊　　B. 闪光对焊

C. 电渣压力焊　　D. 气压焊

3. 适用于处理十字板抗剪强度不小于20kPa软土地基的是（　）。

A. 刚性桩　　B. 粒料桩

C. 加固土桩　　D. 水泥粉煤灰碎石桩（CFG桩）

4. 现场没有横断面设计图，只有施工填挖高度时，可用（　）放样路基边桩。

A. 渐近法　　B. 计算法

C. 图解法　　D. 坐标法

5. 对处理层混凝土的强度，当采用风动机凿毛凿毛时，应达到（　）MPa。

A. 0.5　　B. 5

C. 10　　D. 2.5

6. 下列表述中，符合滑模摊铺机施工参数设定及校准规定的是（　）。

A. 振捣棒应均匀排列，间距宜为200~300mm

B. 混凝土摊铺厚度较大时，应采用较小间距

C. 两侧最边缘振捣棒与摊铺边缘距离不宜大于150m

D. 振捣棒下缘位置应位于挤压底板最低点以下

7. 下列沥青路面面层施工接缝处理的做法，错误的是（　）。

A. 半幅施工不能采用热接缝时，采用人工顺直刨缝或切缝

B. 半幅施工铺另半幅前必须将边缘清扫干净，并涂洒少量粘层沥青

C. 横接缝首先用3m直尺检查端部平整度，不符合要求时，按45°斜交于路中线切齐清除

D. 横向接缝的碾压先用双轮双振压路机进行横压

8. 下列选项中，（　）适用于多跨长桥，桥梁跨径可达20~70m，使用一套设备可多次移动周转使用。

A. 整孔吊装法　　B. 转体施工法

C. 悬臂拼装法　　D. 移动模架法

9. 关于钻孔灌注桩施工的说法中，正确的是（　）。

A. 钻孔灌注桩桩长无法根据持力土层的起伏面变化

B. 钻孔前应先布置施工平台

C. 当场地为浅水时，宜采用振捣法施工

D. 护筒顶宜高于地面0.3m或水面1.0~2.0m，同时应高于桩顶设计高程0.5m

10. 波形钢涵洞施工主要工序中，管座基础施工的紧后程序为（　　）。

A. 安装管身　　B. 出入口浆砌

C. 涵洞回填及加固　　D. 防水层施工

11. 山区公路中，雨期路基施工地段不宜选择（　　）。

A. 砂类土地段　　B. 路堑的弃方地段

C. 碎砾石地段　　D. 重黏土地段

12. 强夯置换施工结束（　　）天后，宜采用动力触探试验检查置换墩着底情况及承载力。

A. 10　　B. 15

C. 20　　D. 30

13. 公路视频监视系统的功能不包括（　　）。

A. 选择与控制功能

B. 提高能见度，保证行车安全

C. 视频图像监视功能

D. 具有视频图像进行录像、检索、回放功能

14. 关于施工测量与工地试验的说法，正确的是（　　）。

A. 施工测量与工地试验人员只要能胜任工作，无须培训即可上岗

B. 测量仪器、试验设备未经标定可以短期使用

C. 测量、试验记录可以根据需要进行适当优化

D. 现场测量数据处理计算资料必须换人复核

15. 长线法的优点是（　　）。

A. 场地较小

B. 由于台座固定可靠，成桥后梁体线性较好

C. 浇筑模板及设备基本不需要移机

D. 可调的底、侧模便于平竖曲线梁段的预制

16. 钢筋混凝土梁桥预拱度偏差的防治措施不包括（　　）。

A. 提高支架基础、支架及模板的施工质量，并按要求进行预压，确保模板的标高偏差在允许的范围内

B. 加强施工控制，及时调整预拱度误差

C. 钢绞线伸长值的计算应采用同批钢绞线弹性模量的实测值

D. 混凝土浇筑时要振捣充分，混凝土浇筑后要加强养护工作，及时养护

17. 施工成本核算中，属于间接费的是（　　）。

A. 临时设施费　　B. 施工辅助费

C. 行车干扰工程施工增加费　　D. 现场施工管理费

18. 下列文件中，解释合同文件最优先的是（　　）。

A. 投标函及投标函附录　　B. 中标通知书

C. 通用合同条款　　D. 项目专用合同条款

19. 关于公路施工企业信用评价的说法，错误的是（　　）。

A. 企业分立的，新设企业信用评价等级不得高于原评价等级

B. 企业资质升级的，其信用评价应重新进行

C. 企业合并的，按照合并前信用评价等级较低企业等级确定

D. 联合体参与投标时，其信用等级按照联合体各方最低等级认定

20. 某施工现场发生安全生产事故，造成 6 人死亡，直接经济损失 6000 万元人民币。根据《生产安全事故报告和调查处理条例》，这属于（　　）生产安全事故。

A. 一般　　B. 较大

C. 特别重大　　D. 重大

二、多项选择题（共 10 题，每题 2 分。每题的备选项中，有 2 个或 2 个以上符合题意，至少有 1 个错项。错选，本题不得分；少选，所选的每个选项得 0.5 分）

21. 下列表述中，符合填石路基填筑要求的是（　　）。

A. 在陡峻山坡地段施工特别困难时，三级及三级以下砂石路面公路的下路堤可采用倾填的方式填筑

B. 岩性相差较大的填料应分层或分段填筑

C. 严禁将软质石料与硬质石料混合使用

D. 压实机械宜选用自重不小于 18t 的振动压路机

E. 边坡码砌与路基填筑不能同步进行

22. 排除滑坡地段地表水的方法有（　　）。

A. 设置环形截水沟　　B. 设置支撑渗沟

C. 设置平孔　　D. 设置树枝状排水沟

E. 平整夯实滑坡体表面的土层，形成排水顺坡

23. 无机结合料混合料组成设计的生产配合比设计应包括的技术内容有（　　）。

A. 选择级配范围　　B. 确定料仓供料比例

C. 确定结合料剂量的标定曲线　　D. 验证混合料强度技术指标

E. 确定混合料的最佳含水率、最大干密度

24. 水泥稳定碎石基层裂缝病害的预防措施包括（　　）。

A. 应严格控制集料中黏土含量

B. 应严格控制加水量

C. 预热软化已压实部分路面，加强新旧混合料的粘结

D. 养护结束后应及时铺筑下封层

E. 碎石级配应接近要求级配范围的中值

25. 隧道衬砌裂缝形成的原因包括（　　）。

A. 围岩压力不均　　B. 衬砌背后局部有空洞

C. 钢筋保护层厚度大于 3cm　　D. 衬砌厚度严重不足

E. 混凝土收缩

26. 关于明洞回填施工的规定，下列说法正确的是（　　）。

A. 明洞回填时，应采取防止损伤防水层的措施

B. 回填材料采用膨胀岩土

C. 机械回填时，拱圈混凝土强度不应大于设计强度

D. 回填顶面0.2m不得用耕植土回填

E. 回填时不得倾填作业

27. 公路工程设计有（　　）情形，属于重大设计变更。

A. 连续长度5km的路线方案调整的

B. 特大桥的数量或结构形式发生变化的

C. 特长隧道的数量或通风方案发生变化的

D. 互通式立交的数量发生变化的

E. 特殊不良地质路段处置方案发生变化的

28. 圆管涵质量检查项目除混凝土强度、轴线偏差外，还包括（　　）。

A. 涵管长度

B. 涵管厚度与涵顶填土厚度

C. 管座宽度与厚度

D. 相邻管节底面错口

E. 涵底流水面高程

29. 适用于双车道公路隧道Ⅳ级围岩地段的施工方法有（　　）。

A. 全断面法

B. 台阶法

C. 环形开挖预留核心土法

D. 双侧壁导坑法

E. 中导洞法

30. 根据《公路工程标准施工招标文件》，除合同另有规定外，已标价的工程量清单综合单价均已包括了为实施和完成合同工程所需的（　　）费用。

A. 质量缺陷修复费

B. 施工人员保险费

C. 税费

D. 勘察设计费

E. 安全生产费

三、实务操作和案例分析题（共4题，每题20分）

（一）

背景资料：

某公路工程采用工程量清单方式招标，甲公司中标并与发包人签订了施工承包合同，甲公司项目部编制了工程施工进度单代号网络计划图如下图所示，监理工程师批准了该计划。

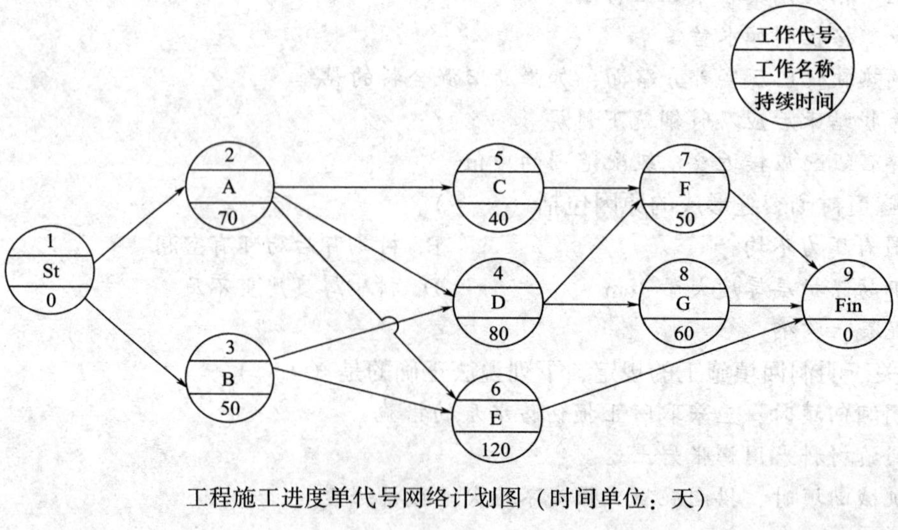

工程施工进度单代号网络计划图（时间单位：天）

合同约定当工程量增加超出清单工程量25%时，双方可以协商调整超出25%部分的单价，甲公司部分工程量清单报价见下表。

部分工程量清单报价表

第200章　路基					
子目号	子目名称	单位	数量	单价(元)	合价(元)
…	……………				
203	挖方				
203-1	路基挖方				
-a	挖土方(外运1km)	m^3	60000.000	15.00	900000
204	填方				
204-3	结构物台背回填				
-a	台背回填4%水泥稳定碎石	m^3	146.000	285.31	41655
207	排水工程				
207-1	边沟				
-b	M7.5浆砌片石边沟	m^3	108.000	415.42	44865
-d	边沟人工清淤挖运20m	m^3	91.260		
…	……………				
第200章　合计　人民币　3033830元					

施工中发生如下事件：

事件1：由于设计变更，路基挖土方实际完成工程量为90000m^3，双方协商调整单价为14元/m^3。边沟人工清淤挖运20m实际完成工程量82m^3。

事件2：A、B工作开工5天后开始下雨，因季节性下雨导致停工4天，后变为50年一遇特大暴雨，导致停工6天。承包商提出工程延期10天与窝工补偿2万元。

事件3：由于设计变更，导致C工作推迟开工60天。

事件4：D工作完成后，业主委托第三方检验，检验结果质量为不合格。承包商返工修复完工后，业主重新委托第三方检验。由于D工作返工，影响了G工作的开始时间，业主要求承包商赶工，监理工程师也需要一起加班。

问题：

1. 事件1中，路基挖方的总价为多少元？边沟人工清淤挖运是否计价？说明理由。（计算结果保留整数）

2. 将工程施工进度单代号网络计划转换为双代号网络图。

3. 事件2中，承包商可以获得的工期和窝工补偿各为多少？事件3中，承包商可以索赔的工期为多少？

4. 事件4中，业主可以向承包商提出索赔的费用有哪些？

（二）

背景资料：

某公路隧道设计为双向四车道分离式隧道，沥青混凝土路面。隧道合同总工期为36个月。

左右隧道分别长4855m，中线间距30m，隧道最大埋深850m，纵坡为3%人字坡。其地质条件为：岩性为砂岩、石灰岩，局部有煤系地层；瓦斯含量低，属低瓦斯隧道；穿越F1、F2、F3三条断层；地下水发育。左右洞围岩级别均为：Ⅱ级3415m，Ⅲ级540m，Ⅳ级310m，Ⅴ级590m。在距进口2100m（对应里程K27+850）处设计了一座斜井，斜井长450m，向下纵坡5%~8%。隧道纵断面示意图及平面布置示意图分别如图1和图2所示。

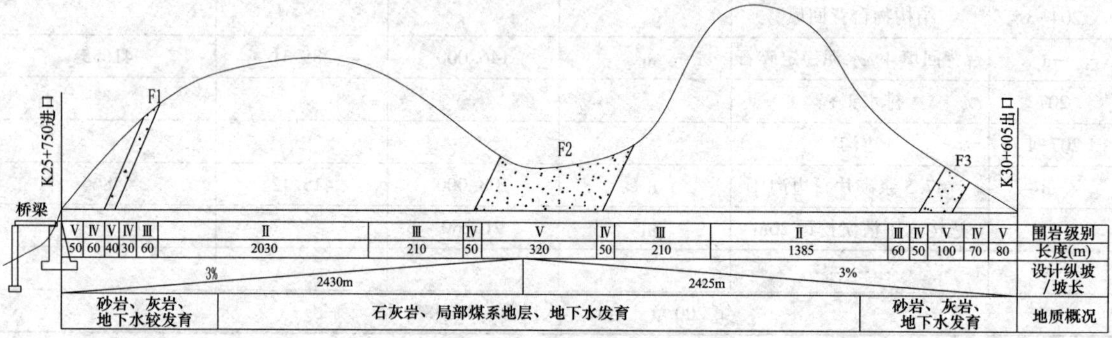

图1　隧道纵断面示意图

图2　平面布置示意图

施工中发生如下事件：

事件1：施工单位进场后，经现场调查发现，进口处为深沟，且跨沟桥台位于隧道洞口。经综合考虑，施工单位提出了设计变更方案，在距进口280m处增设一条长150m的横洞（图2）。

事件2：施工单位根据地质条件和施工水平，采用钻爆法开挖施工、无轨运输。施工计划进度指标为：Ⅱ级围岩开挖支护130m/月，Ⅲ级围岩开挖支护90m/月，Ⅳ级围岩开挖支护70m/月，Ⅴ级围岩开挖支护30m/月，二次衬砌144m/月。施工准备3个月，二次衬砌及沟槽施工结束滞后于开挖支护 1 个月，路面铺筑及交通、机电工程施工 2 个月，横洞施工 4 个月，斜井施工 6 个月，不确定因素影响工期 1 个月。进出洞口所增加的时间已综合考虑，不再单独计算。

事件 3：根据现场情况，相关单位拟保留横洞而取消斜井。

问题：

1. 在有斜井和横洞的情况下，本隧道最多有几个开挖面同时施工？并在平面布置示意图上用箭头标明掘进方向（需在答题卡上复制平面布置示意图作答）。

2. 该隧道施工的每个工作面需要配备哪些主要开挖及初期支护机械设备？（至少回答 6 种设备）

3. 分析事件 1 中施工单位提出增设进口横洞的理由。

4. 根据事件 2 给出的条件，在事件 3 中保留横洞而取消斜井的情况下，计算隧道施工最短工期。（计算结果以月为单位，保留一位小数）

5. 根据提供的地质信息，本隧道由地质引起的主要施工安全危险源有哪些？

（三）

背景资料：

某施工单位承建一分离式双向六车道高速公路山岭隧道工程，其起讫桩号为 K19+720～K21+450，全长 1730m。隧道两端洞口 100m 范围内为偏压浅埋段，其围岩级别为Ⅴ级。隧道洞口开挖断面宽度为 13.5m，左右洞口中心线间距为 50m。隧道左右洞地质情况相同。隧道最大埋深为 80m，隧道纵断面示意图如下图所示。该隧道设计支护结构为复合式衬砌（即初期支护+混凝土二次衬砌）。

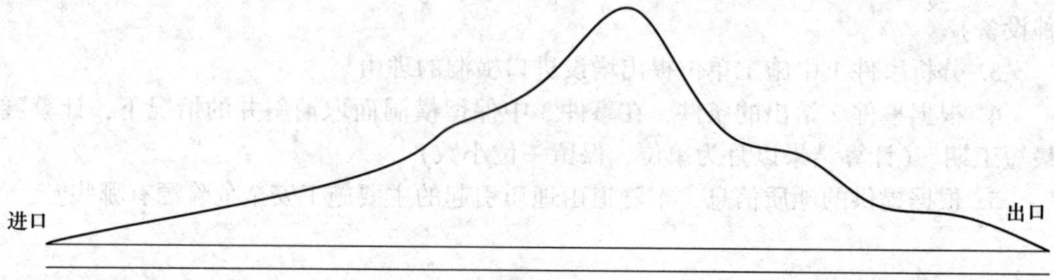

里程桩号	K19+720 K19+820	K20+230	K20+970	K21+350	K21+450
围岩特性	强风化灰质泥岩，岩质较软，岩体较破碎～破碎，夹杂有黏性土、稍湿～潮湿的角砾土，*BQ*<250	中风化泥质灰岩，岩质较坚硬，裂隙发育，岩体破碎，*BQ*=251～350	中～弱风化灰岩，岩质坚硬，裂隙较发育，岩体较破碎，*BQ*=351～400	中风化泥质灰岩，岩质较坚硬，裂隙发育，岩体破碎，*BQ*=251～350	强风化灰质泥岩，岩质较软，岩体较破碎～破碎，夹杂有黏性土、稍湿～潮湿的角砾土，*BQ*<250
长度(m)	100	410	740	380	100

隧道纵断面示意图

开工前，有关单位根据围岩特性对该隧道各段围岩的级别进行了核实，并计算了各级围岩段占全隧长的百分比。

在隧道施工过程中进行了安全质量检查，发现施工单位存在如下错误做法：

（1）初期支护施工过程中，喷射混凝土采用干喷工艺；

（2）对于隧道底部超挖部分采用洞碴回填；

（3）仰拱和底板混凝土强度达到设计强度 75%，允许车辆通行；

（4）二次衬砌距Ⅳ级围岩掌子面的距离为 100m。

问题：

1. 该隧道是否属于小净距隧道？说明理由。

2. 写出图中 BQ 的中文名称。判断 K20+230～K20+970 段、K20+970～K21+350 段围岩

级别。计算Ⅳ级围岩总长占全隧长度的百分比。(计算结果保留 1 位小数)

3. 逐条修改安全质量检查过程中发现的错误做法。

4. 施工单位的错误做法中，哪两条属于重大安全事故隐患（用编号表示）？从单位和项目两个层次分别写出重大安全事故隐患排查治理第一责任人。

（四）

背景资料：

某施工单位承建了一段高速公路路基工程，公路设计车速为100km/h。其中，K18+230~K18+750为路堑，岩性为粉质黏土、粉砂质泥岩，采用台阶式边坡，第一级边坡采用7.5号浆砌片石护面墙，护坡设耳墙一道；其他各级边坡采用C20混凝土拱形护坡，拱形骨架内喷播植草。本路段最大挖深桩号位于K18+520，路基填挖高度为-31.2m，桩号K18+520横断面设计示意图如下图所示。

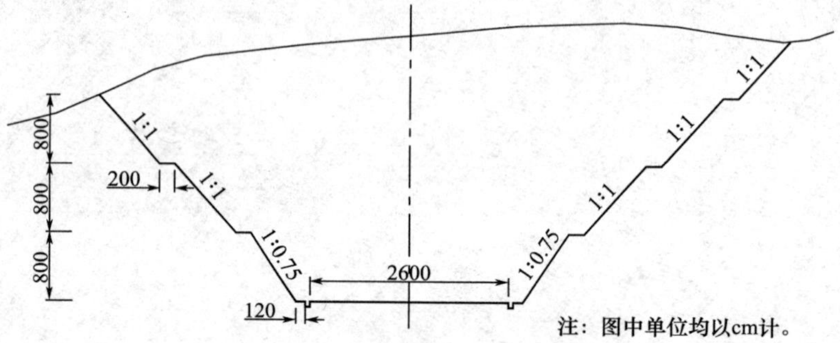

K18+520横断面设计示意图

在项目开工前，施工单位根据《交通运输部关于发布高速公路路堑高边坡工程施工安全风险评估指南的通知》，对全线的路堑工程进行了总体风险评估，其中，K18+230~K18+750段路堑高边坡总体风险等级为Ⅱ级。

路堑开挖前，施工单位对原地面进行了复测，并进行了路基横断面边桩放样，边桩放样采用坐标法。设计单位提供的设计文件包括“导线点成果表”“直线、曲线及转角表”“路基设计表”“路基标准横断面图”“路基典型横断面设计图”“路基横断面设计图”“防护工程设计图”等。

路堑开挖过程中，为监测深路堑边坡变形和施工安全，施工单位埋设了观测桩。在挖至路基设计标高后，施工单位开始由下往上进行防护工程施工。在第一级边坡施工中，边坡局部凹陷。

问题：

1. K18+230~K18+750段路堑高边坡工程是否需要进行专项风险评估？如果要进行专项风险评估，应在何时完成？

2. 图中，标注尺寸120cm和2600cm分别是指什么宽度？写出边桩放样所需的3个设计文件。

3. 改正施工单位在防护工程施工中的错误。

4. 浆砌片石护面墙的耳墙设置在什么部位？针对第一级边坡出现的局部凹陷，应如何处置？

5. 复制上图至答题卡上并在图上绘出深路堑监测观测桩位置示意图。（在相应位置用短竖线“ I ”示出）。

考前冲刺试卷（三）参考答案及解析

一、单项选择题

1. B；	2. C；	3. D；	4. B；	5. C；
6. B；	7. C；	8. D；	9. B；	10. A；
11. D；	12. D；	13. B；	14. D；	15. B；
16. D；	17. D；	18. B；	19. B；	20. D。

【解析】

1. B。本题考核的是竖向填筑法。竖向填筑法是从路基一端或两端按横断面全部高度，逐步推进填筑。填土过厚，不易压实。仅用于无法自下而上填筑的深谷、陡坡、断岩、泥沼等机械无法进场的路堤。

2. C。本题考核的是普通钢筋的加工制作。钢筋的焊接接头宜采用闪光对焊，或采用电弧焊、电渣压力焊或气压焊，但电渣压力焊仅可用于竖向钢筋的连接，不得用作水平钢筋和斜筋的连接。

3. D。本题考核的是水泥粉煤灰碎石桩（CFG 桩）的适用范围。水泥粉煤灰碎石桩（CFG 桩）适用于处理十字板抗剪强度不小于 20kPa 的软土地基。

4. B。本题考核的是路基施工测量方法。计算法：现场没有横断面设计图，只有施工填挖高度时，可用计算法放样路基边桩。本法比图解法精度高，主要用于公路平坦地形或地面横坡较均匀一致地段的路基边桩放样。

5. C。本题考核的是混凝土的浇筑。对处理层混凝土的强度，当采用水冲洗凿毛时，应达到 0.5MPa；人工凿毛时，应达到 2.5MPa；采用风动机凿毛时，应达到 10MPa。

6. B。本题考核的是滑模摊铺机的施工参数设定及校准应符合的规定。振捣棒应均匀排列，间距宜为 300~450mm，故 A 选项错误。混凝土摊铺厚度较大时，应采用较小间距。两侧最边缘振捣棒与摊铺边缘距离不宜大于 200m，故 C 选项错误。振捣棒下缘位置应位于挤压底板最低点以上，故 D 选项错误。

7. C。本题考核的是沥青路面面层施工接缝处理。首先用 3m 直尺检查端部平整度不符合要求时，垂直于路中线切齐清除，故 C 选项错误。

8. D。本题考核的是移动模架法。移动模架法适用于多跨长桥，桥梁跨径可达 20~70m，使用一套设备可多次移动周转使用。

9. B。本题考核的是钻孔灌注桩施工。钻孔灌注桩桩长可以根据持力土层的起伏面变化，故 A 选项错误。当场地为浅水时，宜采用筑岛法施工，故 C 选项错误。护筒顶宜高于地面 0.3m 或水面 1.0~2.0m，同时应高于桩顶设计高程 1m，故 D 选项错误。

10. A。本题考核的是波形钢涵洞施工主要工序。波形钢涵洞施工主要工序中，测量放线→基坑开挖→管座基础施工→安装管身→出入口浆砌→涵洞回填及加固。

11. D。本题考核的是雨期施工地段的选择。雨期路基施工地段一般应选择丘陵和山岭地区的砂类土、碎砾石和岩石地段和路堑的弃方地段。

12. D。本题考核的是强夯置换施工规定。强夯置换施工结束 30 天后，宜采用动力触探试验检查置换墩着底情况及承载力。

13. B。本题考核的是公路视频监视系统的功能。公路视频监视系统的功能：

（1）选择与控制功能；

（2）视频图像监视功能；

（3）具有视频图像进行录像、检索、回放功能；

（4）具有视频图像配置及管理功能；

（5）多级联网视频监控功能。

14. D。本题考核的是施工测量与工地试验的要求。施工测量人员应经培训考核合格后方可独立进行施工测量工作，故 A 选项说法错误。仪器设备经检定/校准或功能检验合格后方可投入使用，故 B 选项说法错误。施工测量记录在任何情况下不得填写与测量无关的事项，不得缺页或补页，故 C 选项说法错误。

15. B。本题考核的是悬拼施工方法。长线法的优点是由于台座固定可靠，成桥后梁体线性较好；缺点是占地较大，地基要求坚实，混凝土的浇筑和养护移动分散。短线法的优点是场地较小，浇筑模板及设备基本不需要移机，可调的底、侧模便于平竖曲线梁段的预制；缺点是精度要求高，施工要求严，施工周期相对较长。

16. D。本题考核的是钢筋混凝土梁桥预拱度偏差的防治措施。钢筋混凝土梁桥预拱度偏差的防治措施：

（1）提高支架基础、支架及模板的施工质量，并按要求进行预压，确保模板目标高偏差在允许的范围内。

（2）加强施工控制，及时调整预拱度误差。

（3）严格控制张拉时的混凝土强度，控制张拉的试块应与梁板同条件养护，对于预制梁还需控制混凝土的弹性模量。

（4）要严格控制预应力筋在结构中的位置，波纹管的安装定位应准确；控制张拉时的应力值，按要求的时间持荷。

（5）钢绞线伸长值的计算应采用同批钢绞线弹性模量的实测值。

17. D。本题考核的是施工成本核算。施工成本核算中，间接费用主要是指现场施工管理费。

18. B。本题考核的是解释合同文件的优先顺序。除项目专用合同条款另有约定外，解释合同文件的优先顺序如下：合同协议书及各种合同附件（含评标期间和合同谈判过程中的澄清文件和补充资料）→中标通知书→投标函及投标函附录→项目专用合同条款→公路工程专用合同条款→通用合同条款→工程量清单计量规则→技术规范→图纸→已标价工程量清单→承包人有关人员、设备投入的承诺及投标文件中的施工组织设计→其他合同文件。

19. B。本题考核的是公路施工企业信息评价规则。公路施工企业资质升级的，其信用评价等级不变，故 B 选项错误。

20. D。本题考核的是事故等级的分类。重大事故，是指造成 10 人以上 30 人以下死亡，或者 50 人以上 100 人以下重伤，或者 5000 万元以上 1 亿元以下直接经济损失的事故。

二、多项选择题

21. A、B、C、D；　　22. A、D、E；　　23. B、C、E；

24. A、B、D、E；　　25. A、B、D、E；　　26. A、E；
27. B、C、D；　　28. A、C、D、E；　　29. B、C；
30. A、B、C。

【解析】

21. A、B、C、D。本题考核的是填石路基填筑要求。在陡峻山坡地段施工特别困难时，三级及三级以下砂石路面公路的下路堤可采用倾填的方式填筑。岩性相差较大的填料应分层或分段填筑。严禁将软质石料与硬质石料混合使用。压实机械宜选用自重不小于18t的振动压路机。边坡码砌与路基填筑宜基本同步进行，故E选项错误。

22. A、D、E。本题考核的是滑坡排水措施。对于滑坡顶面的地表水，应采取截水沟等措施处理，不让地表水流入滑动面内，故A选项应选。树枝状排水沟的主要作用是排除滑体坡面上的径流，故D选项应选。平整夯实滑坡体表面的土层，防止地表水渗入滑体坡面造成高低不平，不利于地表水的排除，易于积水，应将坡面作适当平整，故E选项应选。B、C选项内容为排除地下水的方法。

23. B、C、E。本题考核的是无机结合料混合料组成设计的生产配合比设计应包括的技术内容。无机结合料混合料组成设计的生产配合比设计应包括的技术内容有：

（1）确定料仓供料比例；

（2）确定水泥稳定材料的容许延迟时间；

（3）确定结合料剂量的标定曲线；

（4）确定混合料的最佳含水率、最大干密度。

24. A、B、D、E。本题考核的是水泥稳定碎石基层裂缝病害的预防措施。水泥稳定碎石基层裂缝病害的预防措施包括：

（1）控制水泥质量，在保证强度的情况下，应适当降低水泥稳定碎石混合料的水泥用量；

（2）碎石级配应接近要求级配范围的中值；

（3）应严格控制集料中黏土含量；

（4）应严格控制加水量；

（5）混合料碾压成型后及时洒水养护，保持碾压成型混合料表面的湿润；

（6）养护结束后应及时铺筑下封层；

（7）宜在春季末和气温较高的季节组织施工，工期的最低温度在5℃以上，并在第一次冰冻到来之前一个月内完成，基层表面在冬期上冻前应做好覆盖层（下封层或摊铺下面层或覆盖土）。C选项为沥青混凝土路面接缝病害的防治措施。

25. A、B、D、E。本题考核的是隧道衬砌裂缝形成的原因。隧道衬砌裂缝形成的原因包括：围岩压力不均；衬砌背后局部空洞；衬砌厚度严重不足；混凝土收缩；不均匀沉降；施工管理。

26. A、E。本题考核的是明洞回填施工应符合的规定。回填材料不宜采用膨胀岩土，故B选项错误。机械回填时，拱圈混凝土强度不应小于设计强度，故C选项错误。回填顶面0.2m可用耕植土回填，故D选项错误。

27. B、C、D。本题考核的是公路工程设计的重大设计变更。公路工程设计有下列情形之一的属于重大设计变更：

（1）连续长度10km以上的路线方案调整的；

（2）特大桥的数量或结构形式发生变化的；

（3）特长隧道的数量或通风方案发生变化的；

（4）互通式立交的数量发生变化的；

（5）收费方式及站点位置、规模发生变化的；

（6）超过初步设计批准概算的。

A、E 选项属于公路工程设计较大设计变更的情形。

28. A、C、D、E。本题考核的是涵洞的施工技术。圆管涵质量检查项目主要包括混凝土强度、轴线偏位、涵底流水面高程、涵管长度、管座宽度与厚度、相邻管节底面错口等。

29. B、C。本题考核的是公路隧道主要开挖方式及其适用范围。全断面法适用于Ⅰ～Ⅲ级围岩的中小跨度隧道，故 A 选项排除。双侧壁导坑法适用于浅埋大跨度隧道及地表下沉量要求严格而围岩条件很差的情况，故 D 选项排除。中导洞法适用于连拱隧道，故 E 选项排除。台阶法适用于Ⅲ～Ⅳ级围岩的中小跨度隧道。环形开挖预留核心土法适用于Ⅳ～Ⅴ级围岩或一般土质围岩的中小跨度隧道。

30. A、B、C。本题考核的是工程量清单的内容。除非合同另有规定，工程量清单中有标价的单价和总额价均已包括了为实施和完成合同工程所需的劳务、材料、机械、质检（自检）、安装、缺陷修复、管理、保险、税费、利润等费用。

三、实务操作和案例分析题

（一）

1. 路基挖方的总价计算。

（1）路基挖方按原单价结算的工程量：$60000\times(1+25\%)=75000m^3$。

路基挖方按新单价结算的工程量：$90000-75000=15000m^3$。

路基挖方总价：$75000\times15+15000\times14=1335000$ 元。

（2）边沟人工清淤挖运不予计价。

理由：此项工作出现在 207-1-d 中，按照规定，已经列出的工程量清单，只是没有填写价格的，表明此部分工程量投标人已经考虑到，因为其未填写价格，可以视为其价格已经包含在其他项目中。

2. 工程施工进度单代号网络计划转换为双代号网络图，如下图所示。

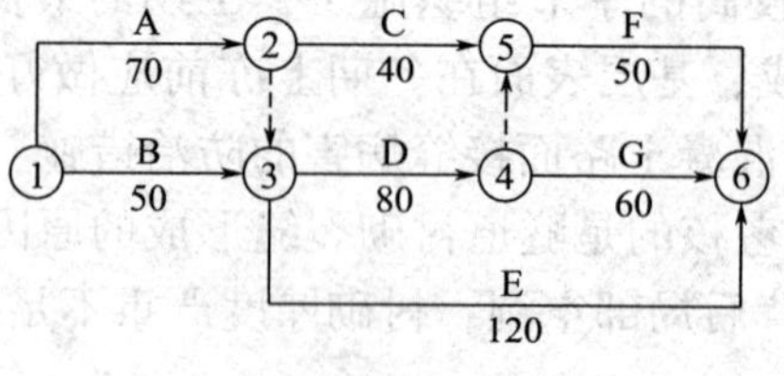

双代号网络图

3. 事件 2 中，承包商可以获得索赔补偿工期 6 天，无法获得窝工补偿（或窝工补偿为零）。事件 3 中，承包商可以索赔工期 10 天。

4. 业主可以向承包商索赔：重新检验费和监理加班费。

（二）

1. 在有斜井和横洞的情况下，本工程最多可以有 10 个工作面。掘进方向如下图所示。

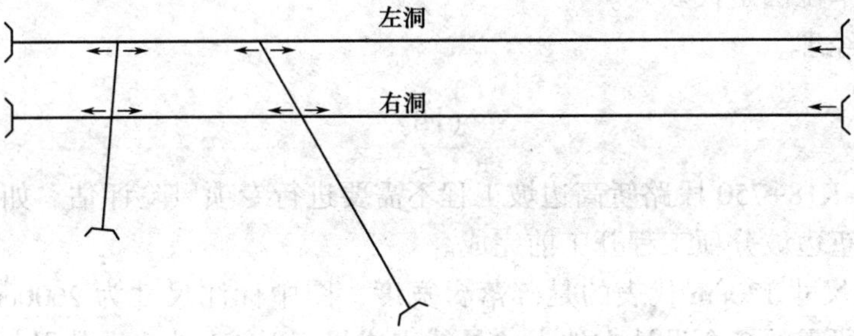

掘进方向示意图

2. 每个开挖面配备的开挖和初期支护机械设备有：凿岩机、凿岩台车、装药台车、锚杆台车（锚杆安装机）、混凝土喷射机、钻孔机、注浆泵（压浆机）。

3. 增设进口横洞的理由：进口端为深沟，所以无施工场地，且与桥台施工相互干扰，因此增加横洞可以为进主洞施工提供进洞条件；同时还可以增加工作面，进一步保证了施工工期。

4. 横洞施工 4 个月期间，隧道出口开挖掘进长度=30×3+70×1=160m。

横洞工区和出口工区同时相向施工的各级围岩长度：

Ⅱ级围岩长度=2030-(280-50-60-40-30-60)+1385=3375m。

Ⅲ级围岩长度=210+210+60=480m。

Ⅳ级围岩长度=50+50+50=150m。

Ⅴ级围岩长度=320+[100-(160-70-80)]=410m。

横洞工区和出口工区同时相向施工的工期

=(3375/130+480/90+150/70+410/30)/2=23.6 个月。

总工期=3+4+23.6+2+1+1=34.6 个月。

5. 本隧道由地质引起的主要施工安全危险源为：洞口段、浅埋段、断层破碎带、岩层接触带、岩溶、地下涌水、瓦斯地段。

（三）

1. 属于小净距隧道。

理由：因围岩级别为Ⅴ级，根据规范规定，Ⅴ级围岩分离式独立双洞的最小净距为 $3.5B=3.5\times13.5=47.25$m>(50-13.5)m=36.5m，所以属于小净距隧道。

2. *BQ* 中文名称：围岩基本质量指标。

K20+230～K20+970 段围岩级别为Ⅲ级，K20+970～K21+350 段围岩级别为Ⅳ级。Ⅳ级围岩总长与全隧长度的百分比：(380+410)/1730×100%≈45.7%。

3. 安全质量检查过程中发现的错误做法修改如下：

（1）初期支护施工过程中，喷射混凝土采用湿喷（潮喷）工艺。

（2）对于隧道底部超挖部分应采用与衬砌（仰拱）相同强度等级混凝土浇筑。

（3）仰拱和底板混凝土强度达到设计强度的 100%时，方允许车辆通行。

（4）二次衬砌距Ⅳ级围岩掌子面的距离不大于 90m。

4. （1）和（4）属于重大安全事故隐患。

重大安全事故隐患排查治理第一责任人：

单位：施工单位法定代表人。

项目：项目经理。

（四）

1. K18+230~K18+750 段路堑高边坡工程不需要进行专项风险评估。如果要进行专项风险评估，应在路堑边坡分项工程开工前完成。

2. 图中标注尺寸 120cm 代表的是碎落台宽度，图中标注尺寸为 2600cm 代表的是路基宽度。边桩放样所需的 3 个设计文件为“导线点成果表”“直线、曲线及转角表”“路基横断面设计图”（或回答“路基设计表”亦可）。

3. 路堑开挖防护工程，应在开挖一级后，及时防护一级。上一级防护未完工，不得开挖下一级。

4. 浆砌片石护面墙的耳墙应设置在护面墙中部。针对第一级边坡出现的局部凹陷，应挖成台阶后用与墙身相同的圬工填补（或 7.5 号浆砌片石填补）。

5. 高速公路和一级公路施工中，标高控制桩间距不宜大于 200m。深路堑监测观测桩位置示意图如下图所示。

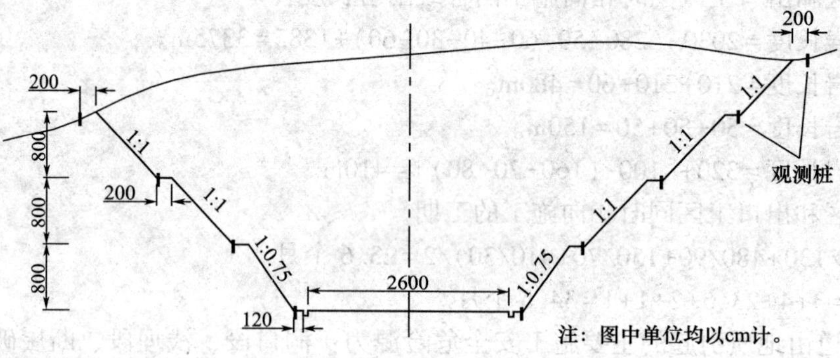

深路堑监测观测桩位置示意图